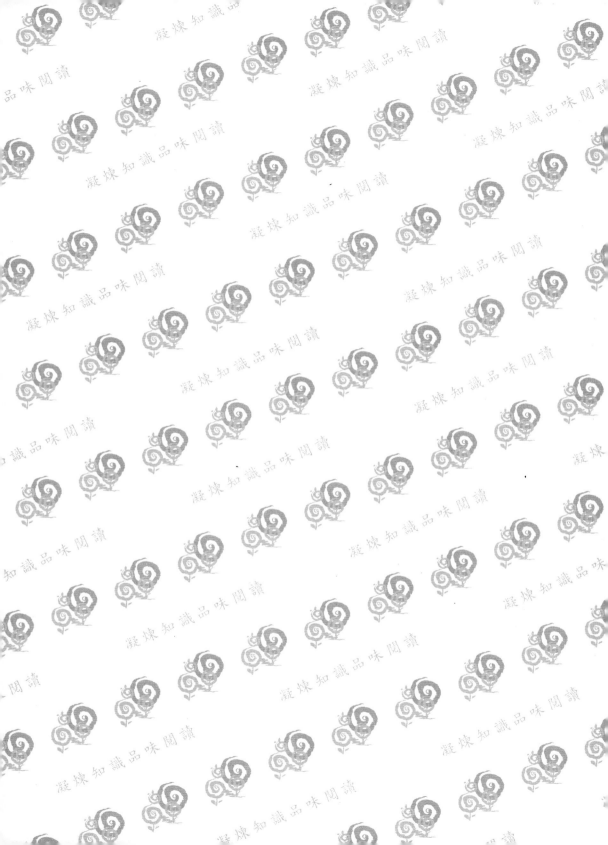

Marketing Project Management Body of Knowledge

行銷專案管理知識體系

魏秋建 教授 著

五南圖書出版公司 印行

行銷的目的是為客戶找產品，銷售的目的則是為產品找客戶，簡單的說，行銷要先知道客戶要什麼，然後將內含客戶需求的產品開發出來，因此產品必然可以吸引客戶的青睞。相反的，銷售產品是要把閉門造車的產品推銷出去，因此需要巧言令色自賣自誇，其結果自然是事倍功半。台灣在過去創造經濟奇蹟的時代，是扮演為先進國家代工的角色，因此既沒有研發產品，也沒有銷售產品，更不用說行銷產品。幾十年下來的結果，是台灣企業還沒有了解行銷才是企業的命脈，有些企業或許已經發現行銷的重要，但是卻不知道其中的真實內涵。坊間雖然已經有很多談論行銷和銷售的書籍，但是大多著重在學理的探討，和個人經驗的闡述，導致讀者可以看懂內容，但是合起書後卻不知道怎麼做。為了彌補這樣的缺憾，美國專案管理學會(APMA, American Project Management Association) 特別編撰這本《行銷專案管理知識體系》，以專案的手法展開產品的行銷管理，可以大幅提高產品行銷的可操作性。而且圖形表達容易吸收深入腦海，讓讀者不止可以輕鬆看懂內容，合起書後更知道如何去做，尤其是可以統一行銷團隊的思維架構，使產品的行銷從此事半功倍。為了提升行銷從業人員的專業素養，本書也是美國專案管理學會的行銷專案經理證照 (Certified Marketing Project Manager) 的認證用書。

本書之撰寫已力求嚴謹，專家學者如果發現有任何需要精進之處，敬請不吝賜教。

魏秋建

a0824809@gmail.com

2013/12/9

Contents

Part 1

行銷專案管理知識體系

Contents

Part **2**

行銷專案管理知識領域

Part 1

行銷專案管理知識體系
Marketing Project Management Body of Knowledge

- Chapter 1 行銷概念
- Chapter 2 行銷管理架構
- Chapter 3 行銷管理流程
- Chapter 4 行銷管理步驟
- Chapter 5 行銷管理方法
- Chapter 6 行銷管理層級模式

行銷概念

　　全球化的競爭迫使企業必須以最快的速度，推出最符合客戶需求的產品和服務，才能取得競爭優勢佔有市場，而其中最主要的關鍵就是產品和服務的行銷。簡單的說，行銷管理是一個管理市場調查 (market research)、產品發展 (product development) 到客戶服務 (customer service) 的過程，在產品生命週期日益縮短，客戶需求日新月異的今天，如果沒有一套完整實用的行銷管理模式，企業將會很難應付市場的變化，及時推出滿足客戶需求的產品和服務。

　　圖 1.1 是行銷管理過程的一個簡單示意圖，圖中從左邊的客戶需求開始，到右邊的滿足需求為止，整個過程的順暢進行就是行銷管理的主要任務。客戶需求和滿足需求在橫座標上的差距，是行銷管理過程的總時程；在縱座標上的差距，則是行銷管理的困難程度，也就是滿足客戶需求的困難度。企業競爭優勢的來源，就是要高度滿足客戶的需求，另一方面又要縮短行銷管理的時程。而達成這種行銷管理高度成熟的先決條件，是企業必須要有非常完善的行銷管理制度 (marketing management system)。

　　本知識體系雖然是以行銷產品的角度去編撰，但是所有架構和內容都適用於服務的行銷。以下說明幾個和行銷管理有關的名詞：

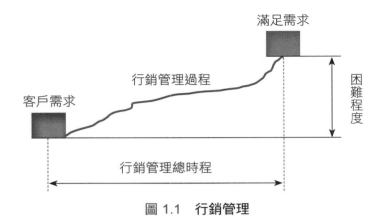

圖 1.1　行銷管理

市場 (Market)	企業想要參與競爭的地理區域和產品或服務的範圍。例如：台北市的午餐市場。
行銷 (Marketing)	行銷是指先了解客戶需求，然後再發展產品或服務來滿足客戶需求的過程。
銷售 (Sale)	銷售是指透過各種方法，吸引客戶購買產品或服務的過程。
產品 (Product)	產品是指可以為客戶解決問題或是符合客戶需求的實體物品。
服務 (Service)	服務是指可以為客戶解決問題或是符合客戶需求的活動。
客戶 (Customer)	客戶是指購買或是使用產品或服務的人。
使用者 (Users)	使用者是指使用產品或服務的人，不管他 (她) 是不是產品或服務的購買者。
購買者 (Buyer)	購買者是指購買產品或服務的人，不管他 (她) 是不是產品的最終使用者。
決策者 (Decision maker)	決策者是指影響購買決定的人或組織。例如：父母親為小孩決定買哪種玩具。

消費者 (Consumer)	消費者是企業產品或服務銷售對象的總稱，它可能是代表目前的客戶、對手的客戶、或是那些尚未購買，但是具有類似需求的人，只有部份的消費者會變成客戶。
品牌 (Brand)	品牌是指和其他產品或服務做明顯區隔的行銷名稱、設計、符號、或是其他特徵。法律上的正式名詞稱為商標 (trademark)。品牌的相對好壞可以透過品牌發展指標 (brand development index) 來衡量，它是某地區產品銷售量和總人口數的比值。

1.1 產品／服務生命週期

產品／服務生命週期是指產品或服務從推出上市到退出市場的整個過程，這個過程對不同產業的產品和服務或許稍有差異，但是一般來說，都可以分成五大階段，也就是上市 (introduction stage)、成長 (growth stage)、成熟 (maturity stage)、衰退 (decline stage) 和淘汰 (fadeout stage)。

上市階段是產品和服務剛剛推出，所以多數消費者不是不知道產品和服務，就是因為還沒有口碑所以保持觀望，只有少數願意嘗試新產品和新服務的客戶購買。一段時間之後，經由廣告宣傳，越來越多的人知道產品和服務，因此銷售量逐漸增加，但是也引起同業者的加入競爭。產品和服務在某個時間之後，銷售量進入穩定狀態，不再如先前的快速增加，此時產品和服務進入成熟期。接著因為競爭以及新產品和新服務的出現，導致現有產品和服務的銷售量滑落，產品和服務因而進入衰退期。最後因為維持產品和服務的成本支出大於利潤，產品和服務不得不停止生產和營運。

由產品和服務的生命週期可以知道，企業如果要極大化新產品和服務的利潤，就必須加速產品和服務的成長期，延長產品和服務的成熟期，和延緩產品和服務的衰退期。圖 1.2 為產品／服務生命週期示意圖。

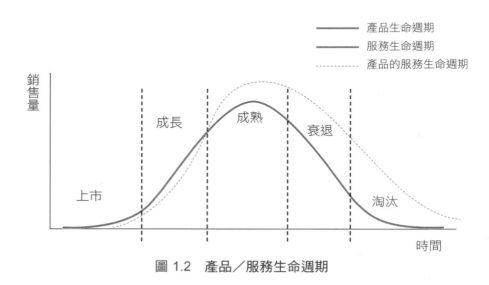

圖 1.2　產品／服務生命週期

上市	產品和服務在這個階段推出上市，主要重點在廣告宣傳，以獲得市場最高程度的注意，大約 2.5% 的搶鮮客戶 (early adopters) 會在這個階段購買產品和服務。
成長	產品和服務在這個階段獲得更多的青睞，主要現象有銷售量的快速增加、既有客戶的重複購買、以及競爭者的出現。大約 13.5% 的早期少數客戶 (early minority) 在這個階段購買產品和服務。
成熟	產品和服務在這個階段達到穩定狀態，因為銷售量不再顯著增加，而且開始有競爭者退出市場，大約 68% 的客戶，包括 34% 的早期多數客戶 (early majroity) 和 34 % 的晚期多數客戶 (late majority) 在這個階段購買產品和服務。

衰退	產品和服務銷售量在這個階段逐漸衰退，新的產品和服務在市場上開始出現，大約 16% 的落後客戶 (laggards) 在這個階段購買產品和服務。
淘汰	產品和服務幾乎沒有顧客購買，銷售利潤無法應付支出，因此停止生產退出市場。

1.2 行銷管理與專案管理

　　行銷管理的整個過程是一個標準的專案，因為它具有專案的獨特和短暫雙重特性，而且行銷管理過程需要控制預算、管制時程、掌握品質、統合人力、規避風險等等、因此應用專案管理的知識和方法來管理產品和服務的行銷，可以獲得事半功倍的效果。特別是產品及服務的上市速度和競爭優勢的取得息息相關，一個好的行銷專案管理過程，絕對是產品和服務取得競爭優勢的關鍵。行銷管理和專案管理的結合稱為行銷專案管理，兩者之間的關係可以用表 1.1 來說明。

　　由表中可以發現，狀況分析階段的三大步驟全部落在專案規劃階段，策略制定階段的兩大步驟，也全部落在專案規劃階段。價值創造階段的五大步驟，全部落在專案執行階段。產品銷售階段的四大步驟，有 3 個落在專案執行階段，1 個落在專案控制階段。客戶服務階段的三大步驟，分別各有 1 個落在專案執行、專案控制和專案結束階段。值得注意的是，專案的可行性分析以及行銷專案的授權書，應該在專案管理層面已經解決，因此不在本知識體系討論的範圍，詳細請參閱《一般專案管理知識體系》一書。

表 1.1 行銷管理與專案管理的關係

		專案管理				
		發起	規劃	執行	控制	結束
行銷管理	狀況分析		環境分析 市場規劃 SWOT 分析			
	策略制定		目標規劃 策略規劃			
	價值創造			產品開發 服務設計 產品製造 服務建置 物流配送		
	產品銷售			廣告宣傳 人員訓練 產品銷售	銷售評估	
	客戶服務			服務顧客	服務控制	服務改善

Chapter 2

行銷管理架構

　　傳統上，企業的行銷管理大多是根據過去的經驗，沒有一套完整的管理流程和管理方法，少數企業即使有應用一些手法，通常只是片段技術的強調和應用而已。這樣的行銷方式，在過去區域競爭的時代，或許還可以應付市場的需求。但是在全球競爭的今天，如果企業希望推出最好的產品和服務，比對手更能滿足客戶的需求，那麼就一定要有完備的行銷管理模式。特別是客戶需求具有高度的不確定性，沒有方法的盲目摸索市場，會讓企業提高市場佔有率的夢想遙不可及。另外，因為行銷管理過程的專業性和動態性，如果沒有一套完整的行銷管理架構，來整合所有參與人員的思維和行為模式，行銷管理過程就很容易淪為解決溝通協調問題，而不能發揮行銷團隊的整體力量。

　　圖 2.1 為行銷管理 (marketing management) 的管理架構。圖中左邊是行銷專案的目標，例如在未來一年，提高產品營業額到三億美元。圖的中間上半部是行銷管理的流程，包括狀況分析 (situation analysis)、策略制定 (strategy formulation)、價值創造 (value creation)、產品銷售 (product sales) 和客戶服務 (customer service) 等五大階段，這個流程可以引導行銷管理步驟的展開和進行。圖的中間下

9

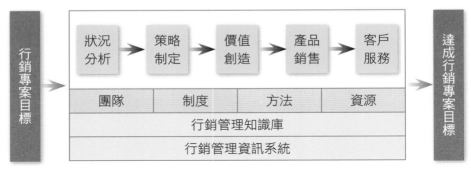

圖 2.1　行銷管理架構

半部是企業要做好行銷管理必須要有的基礎架構 (infrastructure)。首先企業要有堅強的行銷團隊 (team)，而且所有團隊成員必須具備行銷管理的知識、能力和經驗。其次是企業必須要有一套完整的行銷管理制度 (marketing management system)，以做為行銷團隊的行為依據，並確保行銷過程的井然有序。再來是企業必須要設計和選用適當的行銷管理手法和工具，以便成員能夠順利完成責任和使命。最後一項是企業要投入適當的行銷資源，才能期望行銷團隊創造出領先對手的行銷績效。這四項的下方是行銷管理的知識庫和管理資訊系統。

　　行銷管理知識庫可以保留和累積行銷管理過程的經驗、教訓和最佳實務 (best practice)，是企業最寶貴和不可或缺的資產。行銷管理資訊系統則是可以提高行銷管理的效率，尤其是產品行銷的國際化，這樣的管理資訊系統可以整合企業的跨國行銷管理，讓企業的行銷活動在二十四小時內持續進行不會中斷，可以大幅提升企業的行銷能力 (core competence) 和競爭優勢。如果企業具備了嚴密的行銷管理流程和厚實的基礎架構，就可以形成優於對手的行銷管理文化 (corporate marketing culture)，那麼必定可以圓滿達成圖 2.1 右邊的行銷專案目標。

行銷專案目標	根據企業整體策略方向，由企業行銷專案發起人指定給行銷團隊的行銷管理目標。行銷專案目標必須符合以下五點，簡稱為 SMART： 1. 明確 (specific)。 2. 可衡量 (measurable)。 3. 可達成 (achievable)。 4. 實際可行 (realistic)。 5. 有期限 (time-bound)。
達成行銷專案目標	產品或服務符合客戶需求，而且所有關係人都滿意行銷團隊的績效表現。
狀況分析	在行銷策略制定之前，進行內外部環境的分析和目標市場的規劃，然後在目標市場進行定位和鎖定價值訴求的過程，它是行銷管理的第一個階段。
策略制定	目標市場定位和價值訴求確立之後，制定在目標市場當中的行銷目標，以及規劃取得競爭優勢的行銷策略和行銷組合的過程，它是行銷管理的第二個階段。
價值創造	根據目標市場的定位和產品的價值訴求，執行行銷策略和行銷組合以達成行銷目標的過程，價值創造是實際將產品或服務創造出來的過程，它是行銷管理的第三個階段。
產品銷售	產品或服務創造出來之後，企業進行產品或服務的廣告，以及銷售產品或服務的過程，它是行銷管理的第四個階段。
客戶服務	產品或服務銷售出去之後，企業對客戶進行售後服務的過程，它是行銷管理的第五個階段。

團隊	所有行銷管理及技術人員，包括專案經理以及參與產品或服務行銷的所有人員。
制度	執行行銷活動所需要的行銷組織和行銷流程。
方法	執行行銷管理活動可以使用的方法和工具。
資源	完成行銷管理活動所需要的人力、資金、材料、設備等等。
行銷管理知識庫	可以儲存行銷管理最佳實務的電腦化管理系統。
行銷管理資訊系統	可以進行跨部門、跨企業甚至跨國行銷管理和溝通的電腦化資訊系統，它可以提升行銷管理的效率和及時性。

行銷管理流程

　　行銷管理從了解需求到滿足需求的過程，在不同企業的作法雖然不盡相同，但是主要的內涵卻是大同小異，本知識體系將其歸納為幾個主要階段，包括：(1) 狀況分析 (situation analysis)；(2) 策略制定 (strategy formulation)；(3) 價值創造 (value creation)；(4) 產品銷售 (product sales) 和 (5) 客戶服務 (customer service)。

　　多數企業都只將行銷管理著重在前述二個階段，並且各自使用不同的名稱，例如：(1) 策略分析 (strategy analysis)；(2) 策略選擇 (strategy selection)；(3) 策略執行 (strategy execution)；或是：(1) 價值規劃(value planning)；(2)價值創造 (value creation)；(3) 價值傳送 (value delivery)。有的則是採用：(1) 分析行銷機會 (marketing opportunity analysis)；(2) 發展行銷策略 (marketing strategy development)；(3) 執行行銷策略 (marketing strategy implementation)。由上述例子可以看出，行銷管理牽涉到客戶需求的了解、產品的定位和策略的規劃、產品的開發和服務的設計、廣告的宣傳和產品的配送、產品的維修和售後的服務。也就是說行銷管理應該始於客戶需求，終於客戶滿意；如果企業只著重在行銷策略的規劃，而忽視了後續行銷策略的執行，包括產品的設計和製造，那麼產品和服務的品質一定就無法掌控，客戶的滿意度也就很難確保。

　　從狀況分析、策略制定、價值創造、產品銷售到客戶服務的前後串聯關係，稱為行銷管理流程 (marketing management process)，前一階段的輸出會變成下一階段的輸入。圖 3.1 為行銷專案管理知識體系的行銷管理流程，由圖中可以清楚知道，行銷肇始於了解市場和客戶需求，繼之以規劃行銷策略，發展客戶需要的產品和服務，製造客戶需要的產品和服務，終止於行銷後的客戶服務。為了彌補傳統作法的不足，並且結構化的呈現行銷管理的完整內涵，本知識體系不只納入價值創造、產品銷售及客戶服務等三大階段，更深入探討這幾個階段的重要執行步驟和方法，目的是要讓所有行銷專業人員了解，這三個階段的成功實施是產品或服務能否行銷成功的關鍵。

圖 3.1　行銷管理流程

4

行銷管理步驟

　　行銷管理流程中的每一個階段，可以再展開成好幾個必須執行的步驟，分別如圖 4.1 狀況分析 (situation analysis) 階段的三個執行步驟，包括環境分析 (environment analysis)、市場規劃 (market planning)、SWOT 分析 (SWOT analysis)。圖 4.2 策略制定 (strategy formulation) 階段的兩個執行步驟，包括目標規劃 (objective planning) 和策略規劃 (strategy planning)。圖 4.3 價值創造 (value creation) 階段的五個執行步驟，包括產品開發 (product development)、服務設計 (service design)、產品製造 (production)、服務建置 (service deployment) 和物流配送 (product distribution)。圖 4.4 產品銷售 (product sales) 階段的四個執行步驟，包括廣告宣傳 (promotions)、人員訓練 (personnel training)、產品銷售 (product sales) 和銷售評估 (sales evaluation)。圖 4.5 客戶服務 (customer service) 的三個執行步驟，包括服務顧客 (service customer)、服務控制 (service control) 和服務改善 (service improvement)。

　　所有這些步驟的連結關係是前一個步驟的輸出，會變成下一個步驟的輸入，而這 17 個步驟的圓滿完成就是行銷專案的達成。其中前 3 個步驟是要定義產品和服務的訴求、再來 2 個步驟是要制定贏得市場的策略和戰術、接著以 5 個步驟把產品和服務實際做出來，並且配送到適當的地點等待銷售、然後再利用 4 個步驟，包括廣告宣傳等把產品和服務賣出去，最後 3 個步驟是對想購買、購買中或購買後的客戶進行各種服務。

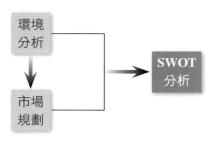

圖 4.1　狀況分析階段管理步驟

圖 4.2　策略制定階段管理步驟

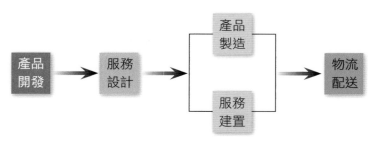

圖 4.3　價值創造階段管理步驟

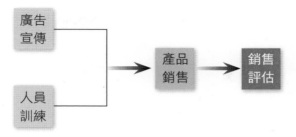

圖 4.4　產品銷售階段管理步驟

圖 4.5　客戶服務階段管理步驟

行銷管理方法

　　行銷管理的每一個步驟，必須要有實際可行的方法才能有效落實。例如狀況分析階段的環境分析 (environment analysis)，應該如何進行，有哪些手法和工具可以使用等等。本知識體系針對每個行銷管理步驟的執行，歸納成各種不同的行銷管理方法。這些方法可以引導行銷管理人員的思維邏輯，對每個步驟的有效落實和執行，可以產生積極正面的效果。

　　圖 5.1 為行銷管理方法的示意圖，中間方塊代表行銷管理的某一個步驟，方塊左邊是執行該銷步驟所需要的輸入資料或訊息。方塊上方是執行該行銷步驟所受到的限制 (constraints)，例如組織的政策，或是步驟的假設 (assumptions)，例如不一定是真的事情認為是真，或是不一定是假的事情認為是假，限制和假設是行銷管理的風險所在。方塊下方是執行該行銷步驟可以選用的技術 (techniques) 和工具 (tools)。方塊右邊則是執行該行銷步驟的產出。

執行行銷步驟
的約束以及假
設狀況

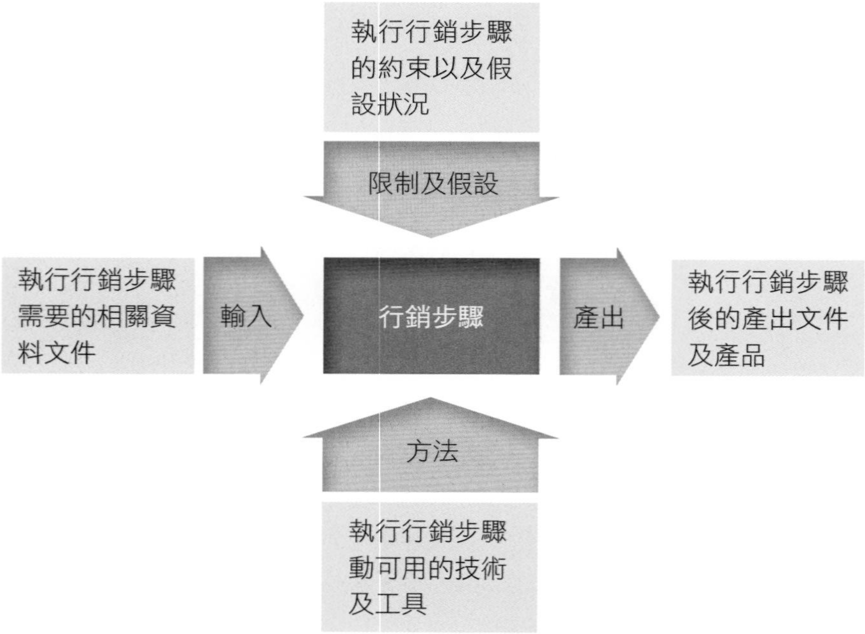

限制及假設

執行行銷步驟
需要的相關資
料文件　　輸入　　行銷步驟　　產出　　執行行銷步驟
後的產出文件
及產品

方法

執行行銷步驟
動可用的技術
及工具

圖 5.1　行銷管理方法

行銷管理層級模式

本章綜合前幾章所提的行銷管理架構 (marketing management framework)、行銷管理流程 (marketing management process)、行銷管理步驟 (marketing management step) 和行銷管理方法 (marketing management method)，建構出一個四階的行銷管理層級模式 (marketing management hierarchical model)，採用由上往下，先架構後細節的方式，逐漸展開成一個完整的行銷管理方法論 (methodology)。這樣的行銷管理模式不但可以促進行銷人員的溝通，也有助於行銷過程的順序展開。執行得當，更可以避免不必要的摸索，因而可以提高行銷工作的品質。

圖 6.1 為本知識體系的行銷管理層級模式，圖的最上方是行銷管理的架構，整個架構強調行銷基礎建設 (infrastructure) 的規劃和行銷管理流程的設計，包括團隊能力，制度建立及資訊工具的使用。第二個層級是行銷管理流程，本知識體系以五個階段來呈現行銷管理的過程，也就是狀況分析、策略制定、價值創造、產品銷售和客戶服務。行銷管理流程的階段性劃分有很多不同的設計，但是多數都有不夠完整的缺點。因此本知識體系將行銷管理過程歸類為上述五個階段，以完整表達行銷管理的生命週期。第三個層級是行銷管理的步驟，它是

行銷管理流程的詳細展開，由行銷管理的步驟，可以清楚知道每個行銷階段應該執行的步驟及內容，本知識體系將行銷管理的每個步驟，定義成直線特性的串聯關係。第四個層級是行銷管理的方法，它是每個行銷管理步驟的執行方式，包括執行時所需要的輸入資訊，所受到的限制，可以使用的技術，以及所要產出的結果。

　　這樣的層級架構不但可以提升行銷專案經理的管理效率 (efficiency) 和管理效能 (effectiveness)，同時也可以做為企業行銷管理制度建立的基礎，對縮短企業的產品行銷時程 (time to market) 和提高行銷的生產力 (marketing productivity) 有正面積極的效果。

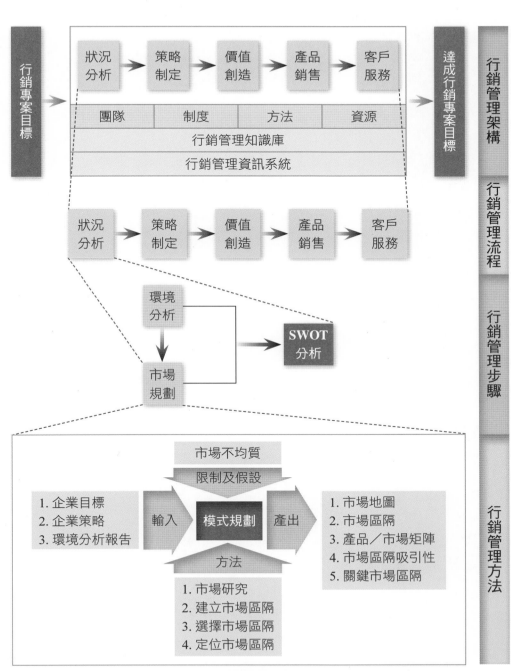

圖 6.1　行銷管理層級模式

Part 2

行銷專案管理知識領域
Marketing Project Management Knowledge Area

狀況分析

狀況分析 (situation analysis) 階段 (如圖 7.1) 又稱為機會分析 (opportunity analysis)，它是行銷管理的第一個階段，目的是從市場中尋找行銷的機會。首先是分析企業的外部環境，包括了解市場、產品、服務、通路、客戶、法令、技術、社會、經濟、趨勢、競爭對手等狀況。接著分析企業的內部環境，包括市場佔有率、產品、服務、產能、技術、人員、行銷等等。然後規劃企業希望參與競爭的市場範圍，例如：台北市的飲料市場，細節作法包括選定對企業最有吸引力的市場，以及定位在該市場中的產品和服務的價值訴求。最後進行 SWOT 分析，了解如此定位的機會優勢和威脅劣勢，以確認出企業必須擴大優勢來掌握機會的關鍵作法 (issues)，例如：讓客戶了解產品和服務的品質優於對手，以及必須彌補劣勢來消除威脅的關鍵作法，例如提高品質或降低價格。狀況分析階段的主要工作有以下幾項 (如圖 7.2)：

圖 7.1　狀況分析階段

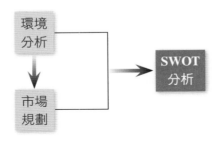

圖 7.2　狀況分析階段步驟

1. 環境分析。
2. 市場規劃。
3. SWOT 分析。

7.1 環境分析

　　環境分析 (environment analysis) 是指分析組織和企業的：(1) 巨觀環境 (macro-environments)：包括政治環境、法律環境、經濟環境、社會環境、文化環境、技術環境等等；(2) 微觀環境 (micro-environment)：包括經銷商、代理商和供應商的關係架構等；(3) 內部環境 (internal environment)：包括行銷團隊、客戶關係管理、產品組合績效、產能等等。企業可以對微觀環境進行某種程度的影響，但是對巨觀環境則只能規劃因應，無法直接影響和掌控。圖 7.3 為環境分析的方法。

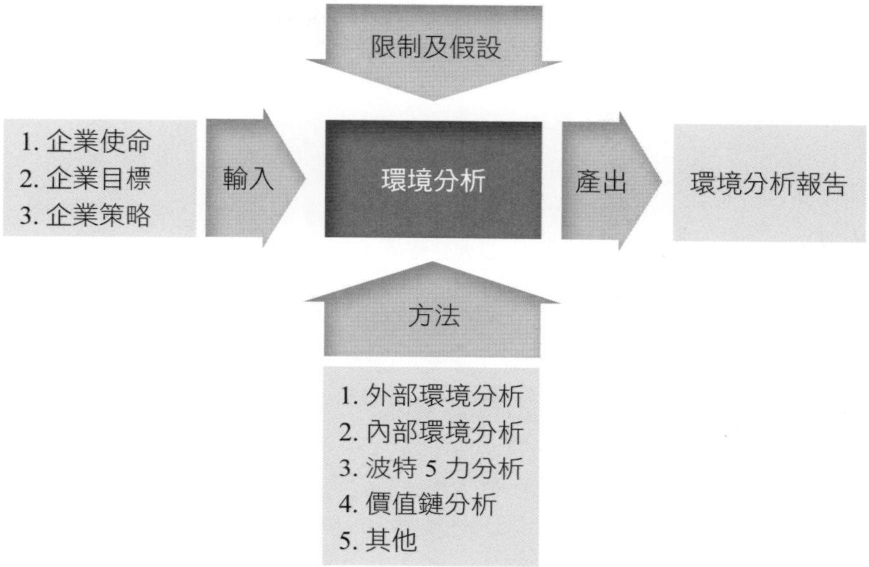

限制及假設

| 1. 企業使命
2. 企業目標
3. 企業策略 | 輸入 | 環境分析 | 產出 | 環境分析報告 |

方法

1. 外部環境分析
2. 內部環境分析
3. 波特 5 力分析
4. 價值鏈分析
5. 其他

圖 7.3　環境分析方法

| 輸入 | 1. 企業使命：企業或是策略事業單位 (SBU, strategic business unit) 的經營使命，包括角色、事業定義、特殊能力、以及未來方向。
2. 企業目標：企業在未來一段時間內想要達成的策略性目標，例如投資報酬率、稅前毛利、營業額等。
3. 企業策略：企業達成目標的可行策略。 |
| 方法 | 1. 外部環境分析：外部環境分析主要分析：
a. 企業所處的商業及經濟環境，稱為 PEST 分析，包括政治 (political)：例如政權的改變和國際議題的影響等；經濟 (economic)：例如利率、通貨膨脹率、失業率和國家生產毛額的變動等；社會 (social)：例如價值觀和家庭結構的改變等、技術 (technological)：例如現有技術的改變和新技術的誕生等。 |

	b. 分析企業所在市場的狀況：包括產業特性、市場大小、成長趨勢、市場特性、產品價格、行銷通路、客戶及消費者特性等等。
	c. 分析目前的市場競爭狀況：包括主要競爭者、市場佔有率、競爭者行銷方法、配送機制、人員訓練、獲利能力、關鍵優勢及劣勢等等。
	2. 內部環境分析：內部環境分析主要分析企業內在的現況及能力，包括銷售狀況、市場佔有率、獲利能力、成本結構、行銷組合能力、產品管理及資源使用等等。
	3. 波特 5 力分析：分析產業的競爭狀況，包括供應商的議價能力、客戶的議價能力、新競爭者的加入、產品或服務取代者的出現、還有現有的競爭者等。
	4. 價值鏈分析：分析企業的進貨流程 (inbound logistics)、營運作業 (operations)、出貨流程 (outbound logistics)、行銷和銷售 (marketing and sales) 以及服務等 (service) 的整體價值鏈 (value chain) 流程效率。從價值鏈的分析，企業可以發掘為客戶創造價值的方法。
	5. 其他：其他適用的任何方法。
限制及假設	
產出	環境分析報告：企業經營環境的整體分析說明。

7.2 市場規劃

市場規劃 (market planning) 的主要目的是定義市場、在定義的市場內進行市場區隔、然而選定適合的市場區隔、在市場區隔內定位產品或服務。細部來說，包括定義企業希望競爭的市場範圍，了解產品到達客戶的所有途徑，分析客戶的購買行為，找出需求類似的客戶群組成市場區隔，然後將產品對應到每一個市場區隔，再由每個市場區隔內的產品吸引性分析，決定出最為關鍵的市場區隔，以做為企業行銷產品和服務的主要目標市場。圖 7.4 為市場規劃的方法。

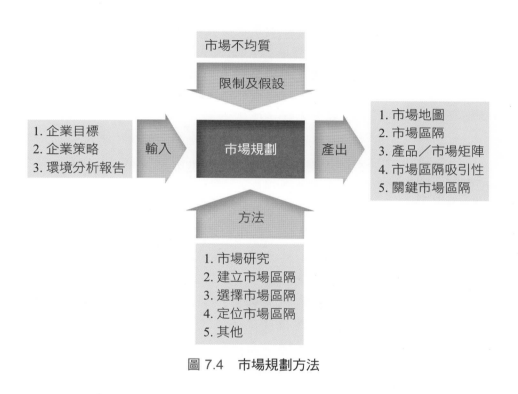

圖 7.4　市場規劃方法

輸入	1. 企業目標：詳細請參閱〈環境分析〉。
	2. 企業策略：詳細請參閱〈環境分析〉。
	3. 環境分析報告：詳細請參閱〈環境分析〉。
方法	1. 市場研究：收集和市場有關的所有訊息，研究方法包括：
	a. 初級研究 (primary research)：根據需要直接對

客戶進行問卷調查或實地訪談的資料收集方法。

　b. 次級研究 (secondary research/desk research)：分析現有市場及客戶資料的研究方法，來源包括文獻、報章雜誌、研究報告、學術論文、網路搜尋、電腦資料庫、內部銷售資訊等等。

2. 建立市場區隔：建立市場區隔 (market segment) 的目的是鎖定目標市場，作法是把一個大而混雜的市場，切割成幾個比較小而且均質的市場。切割方式包括傳統的：

　a. 人口 (demographic)：性別、年齡、收入。

　b. 地區 (geographic/geodemographic)：位置、氣候、密度。

　c. 購買行為(behavioral)：訂購方式、現金／信用卡、價格、取向、購買頻率等。

　d. 心理 (psychographic)：個性、生活型態、社會階層等。

　以及比較新的區隔方式，例如市場利基區隔法、價值區隔法、忠誠度區隔法等。市場區隔分析通常先取得 300 到 1000 個客戶的市場調查資料，然後再透過：①因素分析法 (factor analysis) 縮減資料數量；②集群分析法 (cluster analysis) 找出市場區隔；③鑑別分析法 (discriminate analysis) 描述市場區隔特性。一般來說，市場區隔分群數量不應小於 3 個或大於 8 個。

3. 選擇市場區隔：選擇市場區隔包括兩個步驟：

　a. 比較市場區隔的吸引性 (segment attractiveness)：首先定義市場區隔的比較標準，例如獲利能

力、成長率、市場大小、競爭力等,接著找出
這些標準的相對權重,然後比較所有市場區隔
在這些比較標準的績效表現,權重乘上分數加
總,總分高者即為相對較佳的市場區隔。

b. 比較企業在每個市場區隔的競爭力 (company
competitiveness):首先列出每個市場區隔的客
戶決定性選購標準 (DBCs),找出這些標準的
相對權重,然後在每個市場區隔內比較企業與
競爭對手的表現,分數乘權重加總,然後將自
己企業的總分除以競爭對手中分數最高者,其
比值即為企業在該市場區隔的的競爭力。最後
以市場區隔吸引性和企業競爭力為兩軸,將
上述兩個數值填入市場區隔組合矩陣 (segment
portfolio matrix) 如圖 7.5。其中圓圈大小代表

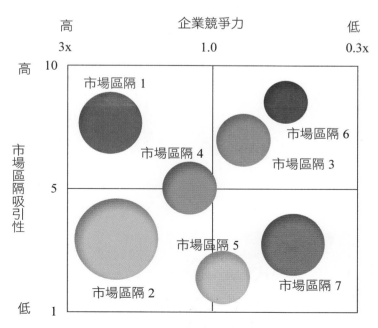

圖 7.5　市場區隔組合矩陣

	該市場區隔的市場大小。由矩陣圖可以看出市場區隔的相對優劣程度。
	4. 定位市場區隔：針對每一個選定的市場區隔以及它的客戶特性和需求，制定獨特的價值訴求 (value proposition) 和產品及價格策略，來建立產品或服務在客戶心中的形象。一般會使用認知地圖 (perceptual map) 來協助市場的定位，最後以定位聲明的方式呈現 (positioning statement)。
	5. 其他：其他適用的任何方法。
限制及假設	市場不均質：市場中的客戶需求不一樣是市場區隔的基本假設。
產出	1. 市場地圖：由分析產品或服務到達客戶的途徑所繪成的市場地圖 (market map)。
	2. 市場區隔：由市場分析所確認出來的所有市場區隔 (market segments)。
	3. 產品／市場矩陣：現有產品和市場區隔所形成的 Ansoff 矩陣。
	4. 市場區隔吸引性：每個市場區隔的吸引性 (segment attractiveness) 分析報告。
	5. 關鍵市場區隔：由所有市場區隔中所選定的關鍵市場區隔 (key market segments)，它們是企業參與競爭的目標市場。

7.3　SWOT 分析

　　SWOT 分析 (SWOT analysis) 的目的是針對每一個所選定的關鍵市場區隔，進行產品或服務的機會優勢和劣勢威脅的分析，以找出每個關鍵市場區隔中需要處理的關鍵議題 (key issues)。SWOT 分析也必須找出每個關鍵市場區隔內的關鍵成功因素，以及所有和該關鍵市場區隔有關的假設。SWOT 分析的最後結果代表分析者對市場競爭狀況的主觀判定。圖 7.6 為 SWOT 分析的方法。

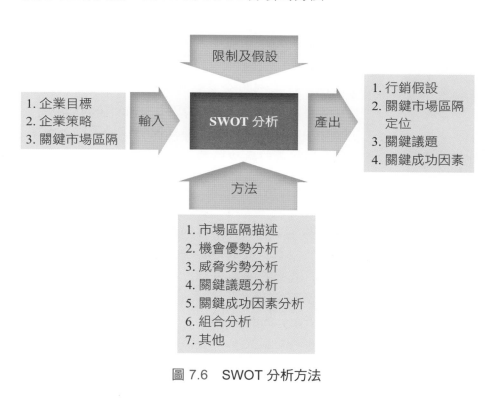

限制及假設

| 1. 企業目標
2. 企業策略
3. 關鍵市場區隔 | 輸入 | SWOT 分析 | 產出 | 1. 行銷假設
2. 關鍵市場區隔定位
3. 關鍵議題
4. 關鍵成功因素 |

方法

1. 市場區隔描述
2. 機會優勢分析
3. 威脅劣勢分析
4. 關鍵議題分析
5. 關鍵成功因素分析
6. 組合分析
7. 其他

圖 7.6　SWOT 分析方法

輸入	1. 企業目標：詳細請參閱〈環境分析〉。 2. 企業策略：詳細請參閱〈環境分析〉。 3. 關鍵市場區隔：詳細請參閱〈市場規劃〉。
方法	1. 市場區隔描述：每個關鍵市場區隔的概況說明。 2. 機會優勢分析：分析企業在關鍵市場區隔內的機會和優勢。 3. 威脅劣勢分析：分析企業在關鍵市場區隔內的威脅和劣勢。

	4. 關鍵議題分析：分析企業在每個關鍵市場區隔內必須處理的關鍵議題。
	5. 關鍵成功因素分析：分析每個關鍵市場區隔的獨特關鍵成功因素 (CSFs, critical success factors)，一般建議少於 6 個，然後比較關鍵成功因素的相對權重。
	6. 組合分析：利用企業競爭力和關鍵市場區隔吸引性所成的組合矩陣 (DPM, directional policy matrix)，分析哪一些產品或關鍵市場區隔，企業會有比較高的成功機率。
	7. 其他：其他適用的任何方法。
限制及假設	
產出	1. 行銷假設：每個市場區隔內和行銷有關的所有假設，例如競爭者在第三季會推出新的產品，或是經濟景氣會在年底復甦。所有行銷假設都必須進行如果假設變化會造成什麼影響的敏感度分析 (sensitivity analysis)。
	2. 關鍵市場區隔定位：產品在每個關鍵市場區隔內的競爭定位，它是相對於競爭者，希望產品在客戶心中的地位。市場定位可以使用定位地圖 (positioning map) 來表示，座標軸可以根據需要做選擇，例如品質好壞、價格高低或是舒適程度等等。
	3. 關鍵議題：每個關鍵市場區隔內的關鍵議題，例如必須改善產品設計和品質、或是必須增加銷售預算等。
	4. 關鍵成功因素：每個關鍵市場區隔的關鍵成功因素 (critical success factors)。

Chapter 8

策略制定

策略制定 (如圖 8.1) 是指企業根據前面狀況分析階段的結果，制定每個關鍵市場區隔的行銷目標，以及可以在關鍵市場區隔內贏得對手的行銷策略和行銷組合。制定行銷策略的考量可以包括：(1) 在既有市場推出現有產品和服務；(2) 在新市場推出現有產品和服務；(3) 在新市場推出新產品和服務，或是 (4) 在既有市場推出新產品和服務。以及企業是要追求：(1) 高差異化低成本；(2) 高差異化高成本；(3) 低差異化高成本，還是 (4) 低差異化低成本。或是在綜合考量市場區隔吸引性和企業競爭力下制定策略。策略制定階段的主要工作項目有以下幾項 (如圖 8.2)：

1. 目標規劃。
2. 策略規劃。

圖 8.1　策略制定階段

圖 8.2　策略制定階段步驟

8.1　目標規劃

目標規劃 (objective planning) 的目的是規劃在每個關鍵市場區隔內的行銷目標，包括新產品和服務在新市場、新產品和服務在舊市場、舊產品和服務在新市場以及舊產品和服務在舊市場的行銷目標，通常以量化的方式表示。例如市場佔有率，銷售量和營業額等等。圖 8.3 為目標規劃的方法。

圖 8.3　目標規劃方法

輸入	1. 企業目標：詳細請參閱〈環境分析〉。 2. 企業策略：詳細請參閱〈環境分析〉。 3. 關鍵市場區隔：詳細請參閱〈市場規劃〉。 4. 關鍵成功因素：詳細請參閱〈SWOT 分析〉。
方法	1. 安索夫矩陣：利用安索夫 (Ansoff matrix) 矩陣分析企業以下四種狀況的行銷目標，包括：(a) 現有產品和服務──現有市場區隔；(b) 現有產品和服務──新市場區隔；(c) 新產品和服務──現有市場區隔；(d) 新產品和服務──新市場區隔等。圖 8.4 為安索夫矩陣。 2. 差距分析：進行每個關鍵市場區隔內的：(a) 目前和目標銷售額 (revenue gap analysis) 之間的差距分析，以及 (b) 目前和目標利潤 (profit gap analysis) 之間的差距分析。圖 8.5 為差距分析的說明。

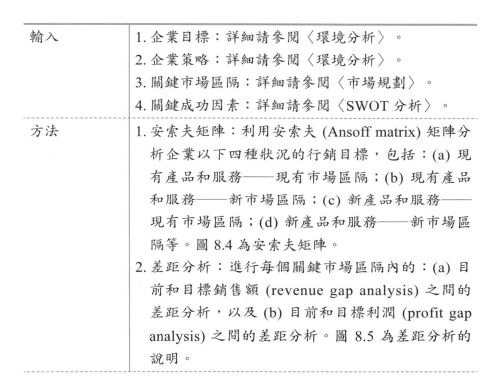

圖 8.4　安索夫矩陣

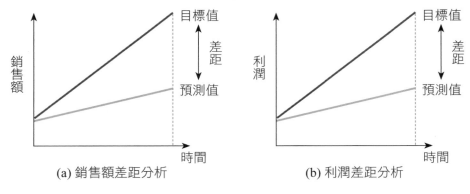

(a) 銷售額差距分析　　　　　　　(b) 利潤差距分析

圖 8.5　差距分析

3. 產品生命週期分析：分析企業所有產品和服務
在關鍵市場區隔內的產品生命週期 (product life
cycle)，然後根據不同的產品和服務的生命週期
階段，制定不同的市場區隔產品和服務行銷目
標。圖 8.6 為產品生命週期分析。

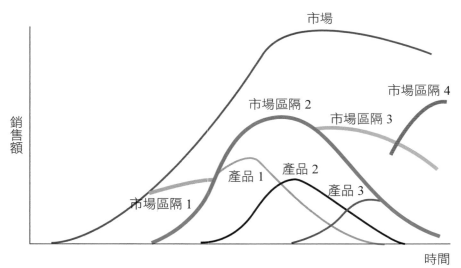

圖 8.6　產品生命週期分析

	4. 波士頓矩陣：利用波士頓矩陣 (Boston matrix) 分析市場區隔佔有率(segment share) 和市場區隔成長 (segment growth) 之間的關係，以做為不同產品和服務在不同市場區隔內的目標制定的參考。圖 8.7 為波士頓矩陣。 5. 其他：其他適用的任何方法。
限制及假設	
產出	1. 整體行銷目標：企業在某一段期間內的整體行銷目標，例如市場佔有率、營業額等。行銷目標必須符合 SMART 的原則，也就是必須非常明確 (specific)、可以衡量 (measurable)、可以達成 (achievable)、實際可行 (realistic)，而且還要具有時間限制 (time-bound)。

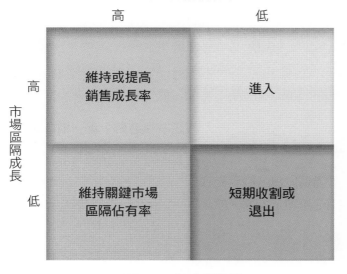

圖 8.7 波士頓矩陣

2. 關鍵市場區隔行銷目標：企業在每一個關鍵市場區隔內的行銷目標。也應該符合 SMART 的原則，並以動詞開頭，例如：達成在一年內，從年輕人市場藉由網路行銷方式，增加 50000 萬營業額。

3. 關鍵市場區隔價值訴求：企業在每一個關鍵市場區隔內的產品或服務的價值訴求 (value propostion)，包括產品或服務對客戶的成本 (cost)、便利性 (convenience)、溝通 (communications)、客戶需求 (consumer wants and needs) 等。

⌈8.2⌉ 策略規劃

策略規劃 (strategy planning) 的目的是規劃達成每個關鍵市場區隔行銷目標的行銷策略，因為達成某一行銷目標的可行策略可能有很多種，而且每個策略的成本代價也都不一樣，因此，企業應該在綜合考量所有因素之後，選擇可以取得競爭優勢的最適當策略。決定好了行銷策略之後，接著就可以規劃執行行銷策略的具體方法，通常以行銷組合 (marketing mix) 的方式呈現。圖 8.8 為策略規劃的方法。

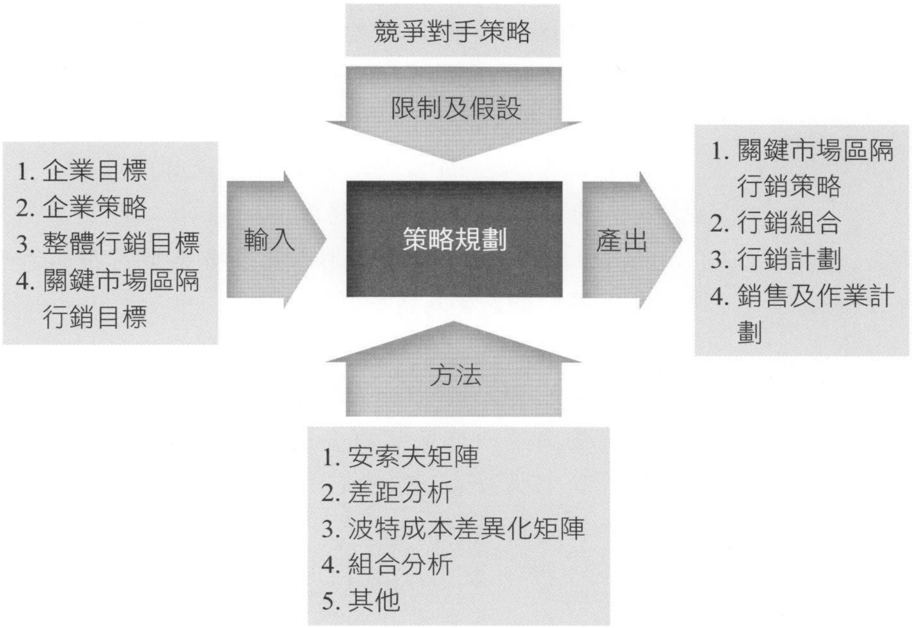

圖 8.8　策略規劃方法

輸入	1. 企業目標：詳細請參閱〈環境分析〉。
	2. 企業策略：詳細請參閱〈環境分析〉。
	3. 整體行銷目標：詳細請參閱〈目標規劃〉。
	4. 關鍵市場區隔行銷目標：詳細請參閱〈目標規劃〉。
方法	1. 安索夫矩陣：利用安索夫 (Ansoff matrix) 矩陣分析企業在新／舊產品和服務及新／舊市場區隔下的四種狀況的行銷策略。
	2. 差距分析：分析填補每個關鍵市場區隔銷售額差距和利潤差距的可行策略，包括：(a) 改善生產力 (improved productivity)：例如降低成本、提高價格、減少折扣等；(b) 市場區隔滲透 (segment

penetration)：例如提高市場區隔佔有率；(c) 新產品／服務 (new products/services)；(d) 新市場區隔 (new segments)：例如開發新的使用族群、進入新的市場區隔、或是銷售區域擴張等；(e) 上述新產品／服務和新市場區隔的組合；(f) 新策略 (new strategies)：例如併購、策略聯盟、授權和加盟等。圖 8.9 為策略差距分析。

3. 波特成本差異化矩陣：利用波特 (Michael Porter) 的成本差異化矩陣(cost/differentiation matrix)，分析每個關鍵市場區隔內企業的成本和產品或服務的差異化能力 (differentiation)。圖 8.10 為波特成本差異化矩陣。

4. 組合分析：企業可以利用組合矩陣 (portfolio matrix) 綜合考量在每個市場區隔的競爭力以及該市場區隔對企業的吸引性，以選定可以採取的行銷策略。圖 8.11 為組合矩陣的範例。

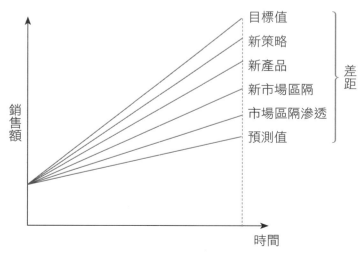

圖 8.9　策略差距分析

相對成本

| | 高 | 低 |

利基
Niche/Focus

成功
Outstanding Success

災難
Disaster

成本領導
Cost Leadership

市場差異化程度　高　低

圖 8.10　波特成本差異化矩陣

| 高 | 企業競爭力 | 低 |

投資成長策略
1. 防衛領導地位
2. 接受短期利益甚至負現金流量
3. 考慮區域擴張、產品線擴張、產品差異化
4. 提升產品研發能力
5. 積極的行銷作為

俟機發展策略
1. 資金足夠時可以向左移進行投資
2. 資金到位前保持低調
3. 轉賣給有資金者進行機會創造

維持市場區隔地位及持續獲利策略
1. 在多數成功產品線維持市場區隔地位
2. 刪除比較不成功的產品線
3. 差異化產品以維持關鍵市場區隔佔有率
4. 限制任意的行銷花費
5. 穩定售價除非有必要積極維持市場佔有率。

選擇性策略
1. 了解低成長事實
2. 不要視為問題市場區隔
3. 找出成長市場區隔
4. 強調品質以避免競爭
5. 系統化的改善生產力
6. 指派能幹的經理人

管理獲利策略
1. 積極刪除產品線
2. 極大化現金流量
3. 極小化行銷花費
4. 維持或提高售價
5. 穩定或是提高價格

市場區隔吸引性　高　低

圖 8.11　組合矩陣範例

	5.其他：其他適用的任何方法。
限制及假設	競爭對手策略：策略規劃必須考慮到對手的策略。
產出	1. 關鍵市場區隔行銷策略：企業在關鍵市場區隔內取得競爭優勢的行銷策略，行銷策略可以用各種不同的方式呈現，包括企業希望成為市場的：(a)領導者 (leader)；(b)挑戰者 (challenger)；(c) 利基者 (nicher)；(d) 跟隨者 (follower)；或是成為：(a) 成本領導者 (cost leader)；(b) 專業化 (focus) 領導者或是 (c) 差異化(differentiation) 領導者。 行銷策略也可以是企業的定位：(a)投資成長 (invest for growth)；(b) 維持市場地位 (maintain market position)；(c) 選擇性策略 (selective)；(d)管理獲利 (manage for cash)，或者是 (e) 俟機發展 (opportunistic development)。從另一個角度來看，行銷策略也可以是希望：(a) 維持市場地位 (maintenance)；(b) 改善市場地位 (improvement)；(c) 收割市場 (harvesting)；(d) 退出市場 (exiting) 和(e) 進入市場 (entry)。 當然安索夫矩陣的分類也是行銷策略的主要選項，包括：(a) 市場開發 (market development)；(b) 市場擴張 (market extension)；(c) 市場多角化 (market diversification)；(d) 產品／服務多角化 (product/service diversification)；(e) 市場滲透 (market penetration)；(f) 產品／服務重定位 (product/service repositioning) 和 (g) 產品／服務開發 (product/service development) 等。 2. 行銷組合：行銷組合 (marketing mix) 是指行銷的戰術 (tactics) 組合，包括產品、價格、通路和廣

告等的戰術組合應用，目的是要極大化行銷策略的效益。其中：

a. 產品 (product) 戰術：包括修改產品設計、性能、品質、特性、定位；重組產品線、開發新產品、縮減產品線等。

b. 價格 (price) 戰術：包括改變價格、改變採購條款、滲透政策(penetration policy)、定價政策 (skimming policy) 等。

c. 通路 (place) 戰術：包括改變銷售管道、改變配銷方式、改變服務水準等。

d. 廣告 (promotion) 戰術：包括改變廣告方式、改變促銷方式、改變銷售方式、改善銷售組合等。

3. 行銷計劃：行銷計劃 (marketing plan) 是行銷的戰略計劃，通常包括 3 到 5 年，是企業整體行銷企圖的展開。

4. 銷售及作業計劃：銷售及作業計劃 (S&OP, sales and operations plan)是行銷的戰術計劃，通常是 1 年以下。目的是確認達成企業策略目標所需要的關鍵資源，它是物料和人力資源規劃的依據，也是主生產排程 (master production schedule) 的基礎。

價值創造

　　價值創造是指實施行銷策略和執行行銷組合，以達成行銷目標的過程，它可以是前面策略差距分析時的任何一項或多項策略的實施，可能是改善生產力，開發新產品或新服務，改良舊產品或舊服務，或是市場滲透和市場發展。

　　其中因為新產品的開發和新服務的設計，複雜度比其他各項都來的高，因此本知識體系主要說明這兩者的步驟和方法，至於舊產品或舊服務的改善，參考本知識體系也可以很容易進行。另外，高品質的產品和服務設計，必須經過嚴密的生產管控，和及時的運輸配送才能到達客戶手上，因此為客戶創造價值還要包括產品的製造和物流的配送。價值創造階段如圖 9.1 所示，而價值創造階段的主要工作事項包括 (如圖 9.2)：

1. 產品開發。
2. 服務設計。
3. 產品製造。
4. 服務建置。
5. 物流配送。

圖 9.1　**價值創造階段**

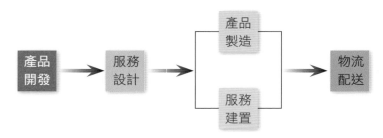

圖 9.2　**價值創造階段步驟**

有關產品研發管理的詳細內容，請參閱《研發專案管理知識體系》。

9.1　產品開發

產品開發 (product development) 是指根據企業市場定位的產品價值訴求 (value proposition)，設計和生產客戶所需要的產品，包括新產品的創造以及舊產品的改良。如果是新產品，企業首先必須分析市場的機會，尋找創新的構想和概念，然後經過系統分析、設計、原型、測試、生產等過程，將符合客戶需求的產品製造出來。如果是舊產品的改良，那麼企業可以視變更的程度，選擇本知識體系中需要用到的步驟即可。圖 9.3 為產品開發的方法。

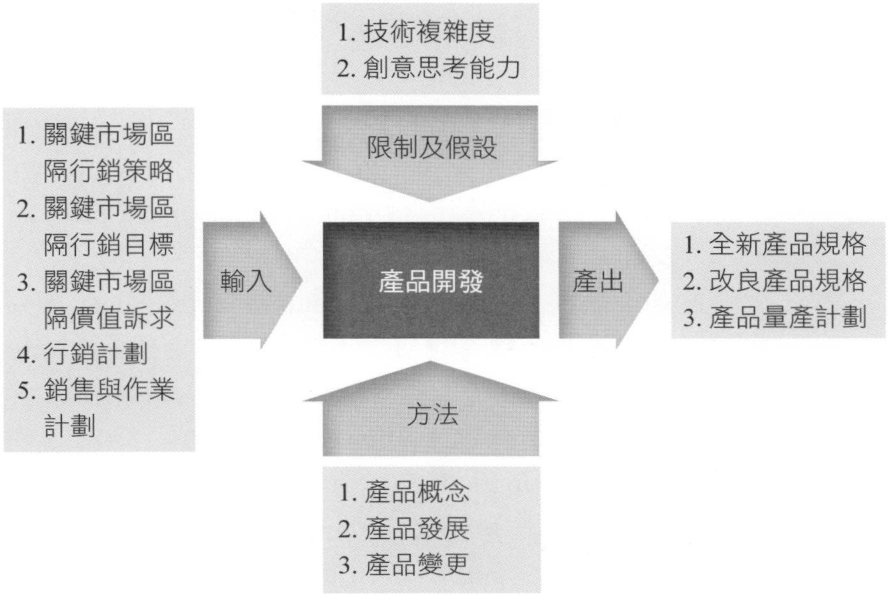

1. 技術複雜度
2. 創意思考能力

限制及假設

1. 關鍵市場區
   隔行銷策略
2. 關鍵市場區
   隔行銷目標
3. 關鍵市場區
   隔價值訴求
4. 行銷計劃
5. 銷售與作業
   計劃

輸入 → 產品開發 → 產出

1. 全新產品規格
2. 改良產品規格
3. 產品量產計劃

方法

1. 產品概念
2. 產品發展
3. 產品變更

圖 9.3　產品開發方法

輸入	1. 關鍵市場區隔行銷策略：詳細請參閱〈策略規劃〉。
	2. 關鍵市場區隔行銷目標：詳細請參閱〈目標規劃〉。
	3. 關鍵市場區隔價值訴求：詳細請參閱〈目標規劃〉。
	4. 行銷計劃：詳細請參閱〈策略規劃〉。
	5. 銷售與作業計劃：詳細請參閱〈策略規劃〉。
方法	1. 產品概念：產品概念 (product concept) 是產品開發的第一個階段，包括：(a) 機會辨識 (opportunity identification)；(b) 機會分析 (opportunity analysis)；(c) 構想產品 (idea generation)；(d) 構想選擇 (idea selection)；(e) 概念定義 (concept definition) 等五大

步驟。產品概念階段的產出是產品的概念說明 (concept statement)、產品開發專案緣由 (business case)、產品研發授權書 (product innovation charter)、技術發展計劃 (technology development plan)、產品發展計劃 (product development plan) 以及專利申請等。

2. 產品發展：產品發展 (product development) 階段是把產品的概念說明，具體化成為實體產品的過程，這個過程通常稱為階段─關卡 (stage-gate) 程序，包括：(a) 概念設計 (concept design)；(b) 系統分析 (system analysis)；(c) 初步設計 (preliminary design)；(d) 細部設計 (detailed design)；(e) 原型製作 (prototyping) 和 (f) 產品測試 (product test) 等六大步驟。產品發展階段的產出是產品的量產計劃和移轉給行銷部門的移轉管理計劃 (transistion management plan)。

3. 產品變更：如果是舊產品的改良，那麼就可以只針對需要變更的部份進行修正。

限制及假設	1. 技術複雜度：全新的產品可能會因為技術複雜度比較高，而增加產品開發的困難度。 2. 創意思考能力：產品開發的成功關鍵是研發人員的創意思考能力。
產出	1. 全新產品規格：新產品的工程規格，包括實體及性能等。 2. 改良產品規格：改良產品的工程規格，包括實體及性能等。 3. 產品量產計劃：企業如何大量製造產品的實施計劃。

9.2 服務設計

服務設計 (service design) 是指根據企業市場定位的服務價值訴求 (value proposition)，設計可以取得競爭優勢的服務，包括新服務的創造以及舊服務的改良。如果是新服務，企業首先探索市場的機會，尋找創新的服務構想和概念，然後經過分析、設計、服務原型 (protocept)、測試等過程，將最具有競爭力的服務設計出來。如果是舊服務的改良，那麼企業可以視變更的程度，依據本知識體系的內容適當增減即可。

另外，任何產品在銷售過程都牽涉到服務，因此本步驟可以適用純服務的設計，或是和產品有關的服務的設計。圖 9.4 為服務設計的方法。

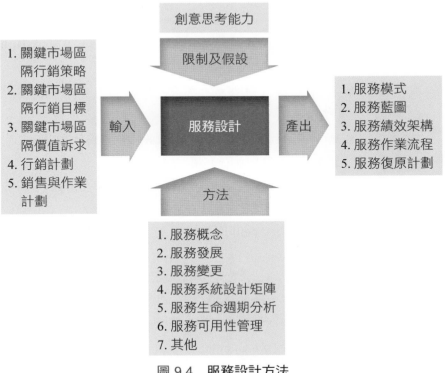

圖 9.4　服務設計方法

輸入	1. 關鍵市場區隔行銷策略：詳細請參閱〈策略規劃〉。
	2. 關鍵市場區隔行銷目標：詳細請參閱〈目標規劃〉。
	3. 關鍵市場區隔價值訴求：詳細請參閱〈目標規劃〉。
	4. 行銷計劃：詳細請參閱〈策略規劃〉。
	5. 銷售與作業計劃：詳細請參閱〈策略規劃〉。
方法	1. 服務概念：詳細請參閱〈產品開發〉。
	2. 服務發展：詳細請參閱〈產品開發〉。
	3. 服務變更：詳細請參閱〈產品開發〉。
	4. 服務系統設計矩陣：服務系統設計矩陣 (service system design matrix) 是定義與客戶接觸程度 (level of contact) 和銷售機會的矩陣，一般來說，提高與客戶直接接觸的程度，可以提高銷售產品或服務的機會。接觸程度一般分為信函、電話和面對面。但是接觸程度會影響到生產效率 (production efficiency)，也就是與客戶的接觸程度越高，某段時間內可以服務的客戶數量就會越少。
	5. 服務生命週期分析：服務生命週期分析 (service life cycle analysis) 是分析企業從確認服務機會到結束服務的整個過程，一個完整的服務生命週期可以包括：(a) 機會 (opportunity)；(b) 要求 (require)；(c) 定義 (define)；(d) 規劃 (plan)；(e) 概念 (concept)；(f) 核准 (approve)；(g) 設計 (design)；(h) 發展 (develop/build)；(i) 確認 (assure)；(j) 部署 (deploy)；(k) 保證 (commission)；(l) 運作 (operate)；(m) 維護 (maintain)；(n) 修改 (revise)；(o) 結束 (retire) 等 15 個階段。
	6. 服務可用性管理：服務可用性管理 (service availability management) 是指在設計階段，分析發生

	服務問題的可能性，然後因應這些的問題進行服務系統的設計。包括平均失效時間 (MTBF, mean time between failure) 分析、零件失敗衝擊分析 (component failure impact analysis)、系統當機成本 (cost of outage) 等。也就是說，在服務設計階段應該考慮到服務的維護性 (maintainability)、可用性 (availability)、可靠度 (reliability)、服務性 (servicability) 和安全性 (security) 等。 7. 其他：其他適用的任何方法。
限制及假設	創意思考能力：詳細請參閱〈產品開發〉
產出	1. 服務模式：使用服務模式 (service model) 來說明企業如何對客戶提供所承諾的服務等級 (service level)，內容包括在什麼地點、什麼時間、什麼狀況去接受、處理、完成、運作和支援服務的要求。服務模式又可以分為：(a) 整體 (global)：適用整個企業的服務模式；(b) 局部 (regional)：適用某個客戶族群的服務模式；和 (c) 個別 (local)：適用某個客戶族群的特殊服務要求等三種。 2. 服務藍圖：服務藍圖 (service blueprints) 是指協助確認服務系統活動、消除潛在問題、建立服務時間和設定步驟標準的流程技術，它必須同時考慮到直接接觸客戶和間接接觸客戶的所有企業活動。 3. 服務績效架構：服務績效架構 (service performance framework) 是一組績效的衡量方法，來管制服務的品質和和成本，包括：(a) 服務品質指標 (service quality index)：表示客戶所感受到的整體服務品質水準；(b) 服務成本指標 (service cost index)：表示提供客戶服務的總成本。

4. 服務作業流程：提供企業服務人員運作、支援和維護服務的標準服務作業流程 (service operational procedures)。

5. 服務復原計劃：服務復原計劃 (service recovery plan) 是指發生服務中斷時的應變服務計劃，它可以使中斷的服務繼續進行。

9.3 產品製造

產品製造 (production) 是將產品開發階段所設定的產品規格，具體化成實體產品的過程。也就是說，由市場分析等前述階段所產生的可以取得競爭優勢的產品價值訴求，一直到這個步驟才被具體落實，由此可知，產品製造是落實行銷策略、達成行銷目標的關鍵步驟之一。圖 9.5 為產品製造的方法。

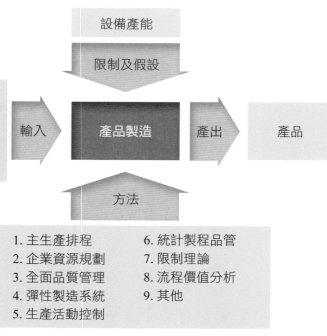

圖 9.5　產品製造方法

輸入	1. 全新產品規格：詳細請參閱〈產品開發〉。 2. 改良產品規格：詳細請參閱〈產品開發〉。 3. 產品量產計劃：詳細請參閱〈產品開發〉。 4. 行銷計劃：詳細請參閱〈策略規劃〉。 5. 銷售與作業計劃：詳細請參閱〈策略規劃〉。
方法	1. 主生產排程：主生產排程 (MPS, master production schedule) 是指由銷售和作業計劃所衍生出來的生產計劃，內容包括銷售預測、客戶訂單、生產時程、庫存量預測等等。 2. 企業資源規劃：利用企業資源規劃 (ERP, enterprise resource planning) 系統來規劃和管制企業的各個層面，包括需求管理、銷售預測、人力資源管理、產品資料管理、文件管理、專案管理、企業決策、製造規劃、會計系統、維護系統、供應鏈管理、配送需求規劃等等。 3. 全面品質管理：全面品質管理 (TQM, total quality management) 是指企業全員參與為了提高產品品質和客戶滿意度的管理活動，主要目標是降低成本、提高收益、客戶滿意和員工授權等。 4. 彈性製造系統：彈性製造系統 (FMS, flexible manufacturing systems) 的目的是快速反應客戶需求的變化，通常包括兩種彈性：(a) 機器彈性 (machine flexibility)：機器生產不同種類產品的能力；(b) 途程彈性 (routing flexibility)：使用不同機器生產相同種類產品、或是應付不同產量的能力。 5. 生產活動控制：生產活動控制 (PAC, production activity control) 是指排程、派工、管制、衡量、和評估生產作業效能的原則、方法和技術。

	6. 統計製程品管：統計製程品管 (SPC, statistical process control) 是指利用各種管制圖來管制製程是否失控的統計技術，又稱為統計品質管制 (SQC, statistical quality control)。
	7. 限制理論：利用限制理論 (TOC, theory of constraint) 來管理流程的瓶頸限制 (constraints)。生產流程的步調決定於限制的速度，因此可以在瓶頸限制之前，設置庫存緩衝 (buffer) 以保護流程的步調。
	8. 流程價值分析：流程價值分析 (value stream mapping) 是指分析所有和產品或服務有關的生產和運送流程，找出並移除沒有價值的流程活動 (non-value-adding activities)。
	9. 其他：其他適用的任何方法。
限制及假設	設備產能：設備產能 (capacity) 的不足是產品製造的最大限制，尤其是在產品受到歡迎，客戶訂單大幅增加的時候。
產出	產品：製造完成可以銷售的合格產品。

9.4 服務建置

服務建置 (service deployment) 是將服務設計階段所設定的服務模式和服務藍圖，具體化成實體的服務流程，也就是說，由市場分析等前述階段所產生的可以取得競爭優勢的服務價值訴求，一直到這個步驟才被具體落實，由此可知，服務建置是落實行銷策略、達成行銷目標的關鍵步驟之一。服務建置通常牽涉到服務硬體的施工和服務軟體的設計。圖 9.6 為服務建置的方法。

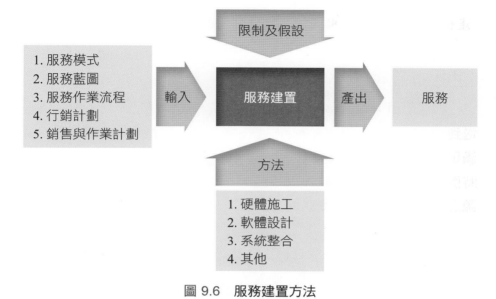

圖 9.6　服務建置方法

輸入	1. 服務模式：詳細請參閱〈服務設計〉。
	2. 服務藍圖：詳細請參閱〈服務設計〉。
	3. 服務作業流程：詳細請參閱〈服務設計〉。
	4. 行銷計劃：詳細請參閱〈策略規劃〉。
	5. 銷售與作業計劃：詳細請參閱〈策略規劃〉。
方法	1. 硬體施工：服務硬體設施的規劃設計和建造，有關營建施工的詳細內容，請參閱《營建專案管理知識體系》。
	2. 軟體設計：服務流程自動化軟體的規劃設計和發展。
	3. 系統整合：所有服務相關硬體和軟體的整合和測試。
	4. 其他：其他適用的任何方法。
限制及假設	

產出	服務：建置完成可以銷售的服務。

9.5 物流配送

　　物流配送 (distribution) 是指將製造完成的產品或服務，由企業運送到銷售區域所在的物流倉儲中心、銷售商、零售商、代理商等，以滿足該區域的客戶訂貨需求。行銷策略的達成關鍵是客戶訂貨時的及時供應，因此規劃完善的物流配送系統是企業取得競爭優勢的主要來源之一。圖 9.7 為物流配送的方法。

限制及假設

1. 產品
2. 服務
3. 行銷計劃
4. 銷售與作業計劃

輸入

物流配送

產出

1. 銷售時點情報管理系統
2. 物流中心

方法

1. 配送需求規劃
2. 供應鏈管理
3. 庫存管理系統
4. 供應商關係管理
5. 運送規劃
6. 自動倉儲系統
7. 其他

圖 9.7　物流配送方法

輸入	1. 產品：詳細請參閱〈產品製造〉。 2. 服務：詳細請參閱〈服務建置〉。 3. 行銷計劃：詳細請參閱〈策略規劃〉。 4. 銷售與作業計劃：詳細請參閱〈策略規劃〉。
方法	1. 配送需求規劃：配送需求規劃 (DRP, distribution requirements plqnning) 的目的是決定倉儲分庫 (branch warehouse) 的庫存補充需求，如果是規劃關鍵資源的需求，稱為 DRP II。 2. 供應鏈管理：供應鏈管理 (SCM, supply chain management) 是指設計和管理從供應商，企業工廠及庫房，到客戶的所有資訊、物料和服務的流動過程。包括企業和供應商的連接鏈，把物料轉變成產品或服務的製造和支援作業鏈、以及和配送作業和服務商的連接鏈等。 3. 庫存管理系統：庫存管理系統 (warehouse management system) 是指管理物料進入、停放和移出庫房的電腦管理系統，功能包括收貨、儲存、存位選擇、取貨、出貨等等。 4. 供應商關係管理：供應商關係管理 (SRM, supplier relationship management) 的目的是提高企業和供應商之間的供貨效率，通常牽涉到訂貨付款流程、供應商績效評估、與供應商的資訊交換、以及供應商認證等等。 5. 運送規劃：良好適當的運送規劃 (shipment planning) 來極小化運輸成本，同時又極大化機具承載量。 6. 自動倉儲系統：自動倉儲系統 (AS/RS, automated storage and retrieval system) 是指可以自動進貨和出貨的高密度和高儲量的電腦庫存系統。

	7.其他：其他適用的任何方法。
限制及假設	
產出	1.銷售時點情報管理系統：銷售時點情報管理系統 (POS, point of sales) 是指可以讓終端銷售品項及庫存可以迅速回饋，以利即時生產供貨的管理系統。 2.物流中心：物流配送的地點也可能是企業的地區性物流中心。

Chapter

10

產品銷售

　　產品銷售的主要目的是吸引客戶購買產品，也就是讓客戶對產品從毫無所知到變成產品的愛用者。一般是透過以下幾個步驟來創造產品的使用者 (A-T-R 模式, awareness, trial, repeat)：(1) 廣告宣傳；(2) 提供試用；(3) 主動購買及 (4) 重複使用等。

　　銷售人員除了要熟悉銷售的 FAB 技巧之外，即強調產品的特性 (features)、產品的優勢 (advantages) 和產品對客戶的利益 (benefits)。更要善用產品推銷的 BIV 流程：(1) 說明產品的利益 (benefit)；(2) 讓客戶參與產品的操作 (involve)；(3) 具體呈現產品的特點 (visible)。並且要充分了解顧客購買產品的心理層面需求，包括 (1) 禮貌 (polite)；(2) 效率 (efficent)；(3) 尊重 (respectful)；(4) 友善 (friendly)；(5) 熱誠 (enthusiastic)；(6) 愉快 (cheerful)；(7) 機智 (tactful) 等，上面幾項英文的第一個字母合在一起簡稱為 PERFECT。產品銷售階段如圖 10.1 所示，而產品銷售階段的主要工作事項包括 (如圖 10.2)：

圖 10.1　產品銷售階段

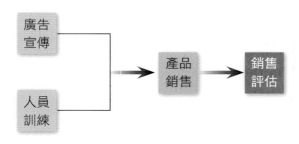

圖 10.2　產品銷售階段步驟

1. 廣告宣傳。
2. 人員訓練。
3. 產品銷售。
4. 銷售評估。

10.1　廣告宣傳

　　廣告宣傳 (promotions) 產品和服務的目的是藉著增加產品和服務的曝光率，來提高產品和服務的知名度和銷售量。廣告宣傳必須依據產品和服務的廣告計劃來執行，重點事項包含有廣告的時程控制、目標市場、廣告對象、廣告訊息、廣告媒體、廣告頻率、廣告預算等等。廣告過程應該要隨時評估廣告的效果，以進行必要的調整。圖10.3 為廣告宣傳的方法。

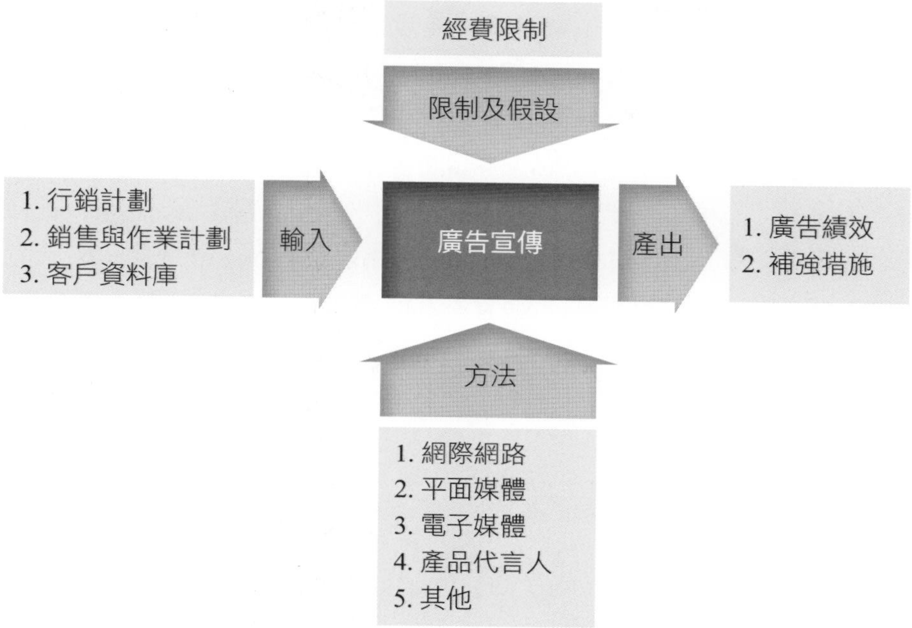

圖 10.3　**廣告宣傳方法**

輸入	1. 行銷計劃：詳細請參閱〈策略規劃〉。 2. 銷售與作業計劃：詳細請參閱〈策略規劃〉。 3. 客戶資料庫：可以利用企業現有的客戶資料庫，包括由客戶關係管理系統所累積的資料，提高廣告宣傳的聚焦效果。
方法	1. 網際網路：在網際網路上廣告產品，包括電腦及手機等。 2. 平面媒體：在雜誌及報紙上廣告產品。 3. 電子媒體：在電視及電台上廣告產品。 4. 產品代言人：聘請模特兒或知名人士擔任產品代言人，搭配上述媒體宣傳產品和服務。 5. 其他：其他適用的任何方法。

限制及假設	經費限制：經費不足是廣告宣傳的最大限制。
產出	1. 廣告績效：廣告目標的績效達成率，例如產品和服務知名度提升百分比、產品和服務試用率提升百分比、產品和服務銷售量提升百分比、或是廣告投資報酬率 (ROPI, return on promotional investment) 或 (ROAI, return on advertising investment) 等等。 2. 補強措施：如果之前的廣告績效不如預期，可能需要其他的補強措施，來提高廣告目標的達成率。

10.2 人員訓練

　　人員訓練 (staff training) 的目的是在產品銷售之前，對所有參與人員、包括行銷人員及技術人員，如組裝人員及維修人員等，實施必要的教育訓練，以具備推銷、說明、解答、說服、解決問題、產品操作、產品組裝、產品除錯等等的能力，甚至是團隊協同合作達成任務的方法、程序及重點。人員訓練的落實與否是產品銷售成敗的主要關鍵之一。圖 10.4 為人員訓練的方法。

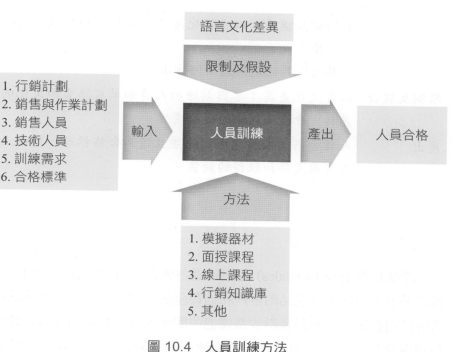

語言文化差異

限制及假設

1. 行銷計劃
2. 銷售與作業計劃
3. 銷售人員
4. 技術人員
5. 訓練需求
6. 合格標準

輸入　　人員訓練　　產出　　人員合格

方法

1. 模擬器材
2. 面授課程
3. 線上課程
4. 行銷知識庫
5. 其他

圖 10.4　人員訓練方法

輸入	1. 行銷計劃：詳細請參閱〈策略規劃〉。 2. 銷售與作業計劃：詳細請參閱〈策略規劃〉。 3. 銷售人員：負責產品銷售的人員。 4. 技術人員：負責產品組裝及維修的人員。 5. 訓練需求：銷售及技術相關人員所需要接受訓練的項目。 6. 合格標準：每個訓練項目的合格標準。
方法	1. 模擬器材：以產品模擬器材進行狀況模擬的訓練，例如模擬軟體或實體模擬器。 2. 面授課程：以集中面對面方式進行訓練。 3. 線上課程：以線上同步或非同步學習的方式進行訓練。

	4. 行銷知識庫：以電腦化產品和服務行銷知識庫進行訓練。 5. 其他：其他適用的任何方法。
限制及假設	語言文化差異：參與訓練的人員如果有語言和文化的差異，會提高訓練的困難度。
產出	人員合格：人員完成訓練並且達到合格標準，可以正式參與產品和服務的銷售。

10.3 產品銷售

產品銷售 (product sales) 是指透過各種方式將產品和服務銷售到客戶手上，包括工業產品的客戶和消費產品的客戶。產品和服務的銷售可以由企業直接面對客戶或是透過中間商進行，直接面對客戶雖然利潤會比較高，但是可能需要重頭建立銷售管道，因此面臨的問題也相對比較多。由中間商協助產品的銷售，雖然利潤需要和供應鏈 (supply chain) 上的所有關係人分享，但是因為專業程度及銷售管道建立成本等因素，整體成本很可能反而比較低，因此企業必須找出最佳的產品和服務銷售方式。圖 10.5 為產品銷售的方法。

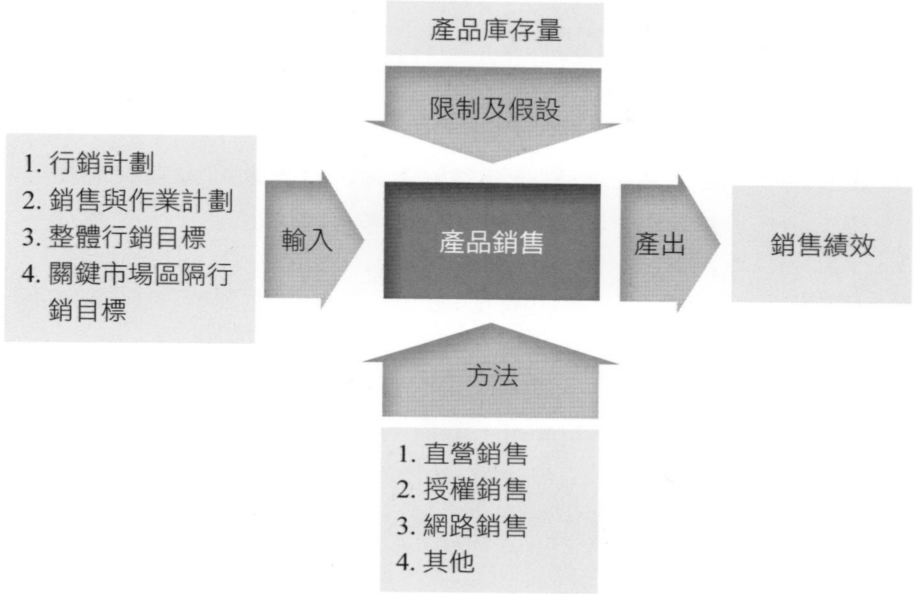

圖 10.5　產品銷售方法

輸入	1. 行銷計劃：詳細請參閱〈策略規劃〉。
	2. 銷售與作業計劃：詳細請參閱〈策略規劃〉。
	3. 整體行銷目標：詳細請參閱〈目標規劃〉。
	4. 關鍵市場區隔行銷目標：詳細請參閱〈目標規劃〉。
方法	1. 直營銷售：由企業直接接觸終端客戶進行產品銷售。
	2. 授權銷售：企業授權給第三者進行產品銷售，例如代理商、經銷商、零售商。
	3. 網路銷售：透過企業網站進行產品銷售，包括工業產品的企業對企業模式 (B2B, business to business) 或消費產品的企業對客戶模式 (B2C, business to customer)。

	4. 其他：其他適用的任何方法。
限制及假設	產品庫存量：產品庫存量的管制是否得當，是產品銷售能否順暢的重要關鍵。
產出	銷售績效：產品在關鍵市場區隔的銷售績效和整體行銷績效，可以是總銷售金額，總銷售數量或是總銷售利潤。

10.4 銷售評估

　　銷售評估 (sales evaluation) 的目的是希望獲知在某一段時間當中，企業產品和服務在目標市場的銷售情況、包括相對於對手的市場佔有率、對企業最有價值的客戶群、客戶及對手的相對地區分佈、企業產品和服務在每個區域的銷售成本、以及企業應如何去選擇新的銷售區域等等。圖 10.6 為銷售評估的方法。

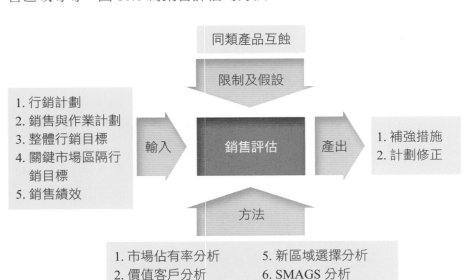

圖 10.6　銷售評估方法

輸入	1. 行銷計劃：詳細請參閱〈策略規劃〉。 2. 銷售與作業計劃：詳細請參閱〈策略規劃〉。 3. 整體行銷目標：詳細請參閱〈目標規劃〉。 4. 關鍵市場區隔行銷目標：詳細請參閱〈目標規劃〉。 5. 銷售績效：詳細請參閱〈產品銷售〉。
方法	1. 市場佔有率分析：市場佔有率分析 (market share analysis) 可以了解產品在特定地區的市場佔有比率。 2. 價值客戶分析：價值客戶分析 (profitable prospect analysis) 的目的是要找出對企業最有獲利性的客戶，以做為產品銷售計劃的修正參考。 3. 接近度分析：接近度分析 (proximity analysis) 是用來呈現某一個地區的潛在客戶和對手的分佈，由其相對距離可以知道客戶流向對手的機率。 4. 銷售區域成本分析：銷售區域成本分析 (sales territory cost analysis) 可以知道某一個地區的銷售成本，以做為整體銷售計劃調整的依據。 5. 新區域選擇分析：新區域選擇分析 (site selection analysis) 的目的是要選擇最值得擴展的新銷售區域，以擴大產品和服務銷售的範圍。 6. SMAGS 分析：SMAGS (sales margin as a percentage of gross sales) 是計算個別產品和服務的獲利能力 (product profitability)，計算公式如下： $$SMAGS = (銷售額 - 成本) / 銷售額$$ 7. 產品銷售管制系統：控制行銷績效的管理系統。 8. 其他：其他適用的任何方法。

限制及假設	同類產品互蝕：新產品和服務推出時間不當，與企業現有產品和服務的互相侵蝕 (cannibalization)，會造成銷售評估的困難。
產出	1. 補強措施：如果銷售績效不如預期，那麼可能需要制定補強措施 (fall back plan) 或補救計劃 (workaround)，甚至是啟用備用方案 (contingency plan)，來改善銷售的績效。例如修改產品和服務定位或行銷策略，加強產品和服務的促銷活動，或是調整產品和服務的售後服務方式等等。 2. 計劃修正：修正行銷計劃或是銷售與作業計劃。

客戶服務

　　客戶服務是產品行銷的重點工作之一，從客戶購買產品之前的詢問接觸、購買產品過程當中的對話解說，以及購買產品之後的組裝維修等等，都牽涉到對客戶的服務，任何一個環節沒有滿足客戶的需求，都會讓整個產品行銷專案功虧一簣。由此可知，整個產品行銷專案始於了解客戶的產品和服務需求，終於滿足客戶的產品和服務需求。出色的產品設計，如果搭配拙劣的客戶服務，企業還是很難取得競爭優勢。客戶服務階段如圖 11.1 所示，而客戶服務階段的主要工作事項包括 (如圖 11.2)：

1. 服務顧客。
2. 服務控制。
3. 服務改善。

圖 11.1　客戶服務階段

圖 11.2　客戶服務階段步驟

11.1　服務顧客

　　服務顧客 (service customer) 是指根據設計的服務模式和流程，對客戶的服務要求，進行和產品有關或是無關的服務活動，服務顧客可能是面對面，或是以其他可能的方式進行，包括電話、信函、E-mail 等等。因為客戶對服務品質的感受是在接觸的那一瞬間就評定完成，也就是產品能否如預期的受到青睞，就在這個關鍵時刻展現。由此可知服務顧客的重要性。圖 11.3 為服務顧客的方法。

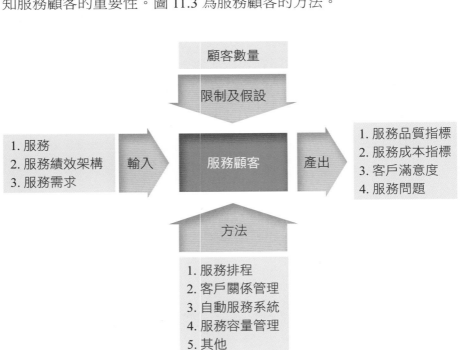

圖 11.3　服務顧客方法

輸入	1. 服務：詳細請參閱〈服務建置〉。
	2. 服務績效架構：詳細請參閱〈服務設計〉。
	3. 服務需求：客戶需要企業提供服務的要求 (service request)。
方法	1. 服務排程：服務排程 (service scheduling) 是指為了維持服務水準以滿足客戶需求的服務人員和班次安排。
	2. 客戶關係管理：利用客戶關係管理(CRM, customer relationship management) 系統來收集和分析市場資訊，以滿足現有和潛在客戶的需求。主要包括配送管理 (delivery)、合約管理 (contract management) 和客戶管理 (customer management) 等。
	3. 自動服務系統：自動服務系統 (automated service system) 是指客戶可以自行處理的服務 (self-service) 自動化系統，可能包括偵測器、條碼器、磁條和語音識別系統等等。
	4. 服務容量管理：利用服務容量管理 (service capacity management) 管理企業達成服務水準目標的能力，包括空間、人員、設備、材料和技術等。
	5. 其他：其他適用的任何方法。
限制及假設	顧客數量：如果同一時間的客戶數量過多，就會影響服務的品質。
產出	1. 服務品質指標：利用服務品質指標 (service quality index) 來呈現客戶所感受到的整體服務品質水準。
	2. 服務成本指標：利用服務成本指標 (service cost index) 來呈現提供客戶服務的總成本。
	3. 客戶滿意度：利用包含多個變數的問卷調查式客戶滿意度指標 (customer satisfaction index) 來衡量客戶

對產品或服務的滿意程度。例如：美國客戶滿意度指標 (ACSI, American customer satisfaction index) 綜合了：(a) 客戶期望 (customer expectations)；(b) 客戶認知的價值 (perceived value)；(c) 客戶認知的品質 (perceived quality)：包括產品和服務品質；(d) 客戶抱怨 (customer complaints) 和 (e) 客戶忠誠度 (customer loyalty) 等五大變項。

4. 服務問題：服務問題 (service incident) 是指任何會或有可能會造成服務水準偏離目標 (service level objective) 的非預期事件 (event) 或失效 (failure)。

11.2 服務控制

服務控制 (service control) 的目的是針對服務的現況績效，例如：服務品質指標、服務成本指標或是客戶滿意度低落等，進行控制和變更的過程，包括對服務水準的監督、服務安全的管控、以及服務問題的影響分析和矯正等等。圖 11.4 為服務控制的方法。

輸入	1. 服務品質指標：詳細請參閱〈服務顧客〉。
	2. 服務成本指標：詳細請參閱〈服務顧客〉。
	3. 客戶滿意度：詳細請參閱〈服務顧客〉。
	4. 服務問題：詳細請參閱〈服務顧客〉。
方法	1. 服務水準管理：服務水準管理 (service level management) 是指對每天的顧客服務，進行資料收集、整理、監督和解決的過程。
	2. 服務安全管理：服務安全管理 (service security management) 是指透過方針、制度、流程、組織架構等，來定義 (define)、評估 (assess)、解決 (resolve)

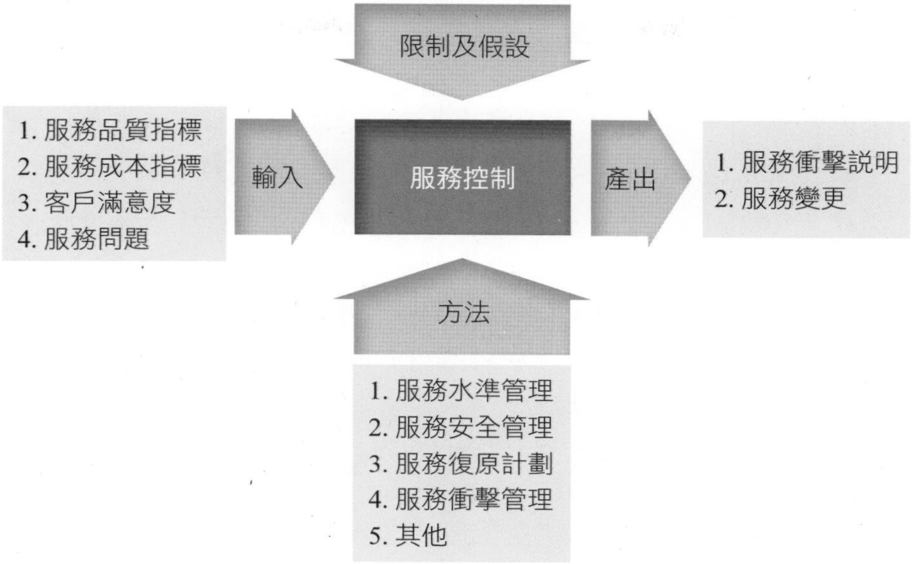

圖 11.4　服務控制方法

和維護 (maintain) 服務過程的資料、財產、人身安
全等。

3. 服務復原計劃：依照服務復原計劃進行服務的控
   制，詳細請參閱〈服務設計〉。

4. 服務衝擊管理：服務衝擊管理 (service impact
   management) 是指分析服務問題 (incident) 或變更
   (change) 等所造成的影響。衝擊也可以是正面的，
   也就是對服務所帶來的機會。

5. 其他：其他適用的任何方法。

限制及假設

產出　　1. 服務衝擊說明：服務衝擊說明 (service impact
         statement) 是分析問題、變更或機會所造成的衝擊說
         明報告。

2. 服務變更：為了提高競爭力所做的任何服務變更 (service change)，它可能是為了因應以下狀況的改變，包括社會趨勢、經濟狀況、技術更新或是法令修正。服務變更可以是企業內部主動變更、因應競爭、或是回應客戶需求和單純的修正錯誤等。

11.3 服務改善

　　服務改善 (service improvement) 是指針對現有服務問題的改善，或是因應對手競爭所進行的服務提升等等，實質作法可能包括服務流程的改變、服務模式的創新，或是其他可以提升客戶滿意度的任何作為。值得注意的是，即使企業目前經營績效良好，仍然應該精益求精，謀求更強、更長久的服務競爭優勢。圖 11.5 為服務改善的方法。

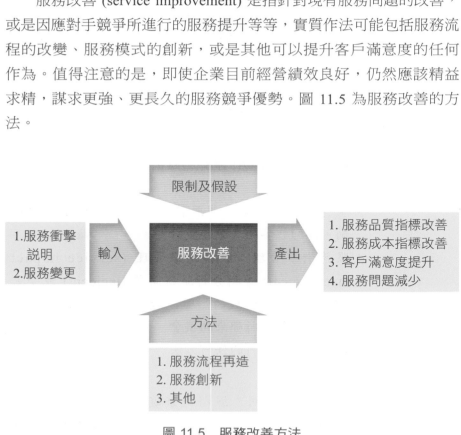

圖 11.5　服務改善方法

輸入	1. 服務衝擊說明：詳細請參閱〈服務控制〉。 2. 服務變更：詳細請參閱〈服務控制〉。
方法	1. 服務流程再造：服務流程再造 (service process regineering) 是指為了增加服務的價值，對原有服務流程所做的簡化、合併或變更。 2. 服務創新：服務創新 (service innovation) 是指服務的重新設計，包括服務模式、服務藍圖、服務績效架構和服務作業流程等。 3. 其他：其他適用的任何方法。
限制及假設	
產出	1. 服務品質指標改善：因為服務的改善，服務品質指標也獲得改善。 2. 服務成本指標改善：因為服務的改善，服務成本指標也獲得改善。 3. 客戶滿意度提升：因為服務的改善，客戶滿意度也因而提升。 4. 服務問題減少：因為服務的改善，服務問題也因而減少。

行銷管理專有名詞

Activity-Based Costing System (作業基礎成本制)
一種追蹤作業成本的會計系統,例如運送、監督、銷售等。作業基礎成本制有助於行銷決策的制定,例如決定產品價格。

Adoption Process (採用過程)
一個人從知道產品或服務,到真正採用該產品或服務的過程。

Advertising (廣告)
任何付費請第三方協助,以傳達產品或服務訊息給目標客戶的宣傳方式。

Analogy (類比)
利用過去類似產品的銷售記錄,以預測目前產品的可能銷售數量的方法。

Assumption (假設)
進行銷售預測時所採用的假想狀況。

Attention (注意力)
客戶選擇環境中的產品訊息,並加以詮釋的過程。

Awareness (知曉)
產品採用過程的第一步,讓客戶知道產品或服務的存在。

Banner Ad (條幅廣告)
網路廣告的一種方式,放置在網頁的上方或兩側,形式可能是企業標誌加上產品說明,目的是吸引瀏覽者的點擊、進入網站了解更多訊息和購買產品。

Behavioral Analysis (行為分析)
一種評估銷售人員銷售績效的管理系統,它可以評估銷售人員的銷售行為

以及該行為的實際績效,方式包括活動報告、電話報告、自我評分和主管評分等。

Benefit (利益)
因為產品特徵讓客戶在使用產品時,可以感受到的產品價值 。

Brand Extension (品牌延伸)
將現有產品系列的品牌,當做其他產品系列品牌的做法。

Brand Loyalty (品牌忠誠度)
定期重複購買同一個品質的產品。

Brand Mark (品牌標誌)
無法口語化的品牌元素,包括符號、設計、文字、顏色、包裝等。

Brand Name (品牌名稱)
可以口語化的品牌元素,包括文字及數字等。

Branding Strategy (品牌策略)
企業對於產品的識別策略,例如每個產品使用一個品牌或是所有產品使用同一個品牌。

Break-Even Analysis (損益平衡分析)
分析成本及數量,以了解不同成本結構下,達到損益平衡的產品定價。

Business Model (商業模式)
企業可以提供價值給客戶,同時又可以取得持續競爭優勢的基本策略。

Business-Level Strategy (事業策略)
說明企業如何在所屬產業競爭的策略。

Business-to-Business (B2B) (企業對企業)
企業所提供的產品、服務、資源、材料等是由其他企業所採購和使用。

Business-to-Consumer (B2C) (企業對客戶)
企業所提供的產品、服務、資源、材料等是由消費者所採購和使用。

Buying Center (採購中心)
企業內部來自不同部門，提供相關知識和資訊，共同且參與採購決策的所有人員。

Call Centers (客服中心)
利用電話、傳真、網頁、電子郵件和客戶互動的系統。

Cash Discount (現金折扣)
鼓勵客戶立即掏錢購買產品或服務的價格折扣。

Catalog Sales (目錄銷售)
利用產品目錄進行產品的銷售。

Channel Design (通路設計)
發展可以連結企業行銷策略和目標市場需求的通路體系，包括中間商的層級數目，以及每一層級的數量。

Channel Management (通路管理)
制定可以和通路商維持長期互利的管理政策和程序。

Commercialization (上市)
新產品開發完成推出到市場的第一階段。

Commission (佣金)
依照銷售人員產品銷售數量或金額，所發給的款項，目的是要連結銷售績效和獎金制度。

Competitive Parity (比價)
企業維持和主要競爭者相同的產品價格，以取得穩定的市場佔有率。

Consumer Experience Process (客戶經驗過程)
六個步驟的客戶經驗，包括和銷售人員溝通需求、聽聞產品訊息、購買該產品，產品運送到家、接受售後服務，以及退貨或廢棄處理。

Consumer Needs (客戶需求)
客戶希望從產品或服務所獲得的利益，因此提供最多利益滿足客戶需求的產品，最能獲得客戶的青睞。

Consumer Promotions (客戶促銷)
直接提供外在誘因給客戶的產品銷售方式或活動，包括優惠券、現金折扣、競賽等。

Contact Management Software (接洽管理軟體)
協助銷售人員和客服人員建立和維持顧客關係的管理系統，例如銷售電話排程、訂單跟催系統等。

Contract Manufacturing (外包生產)
將產品的製造以合約的方式，要求合格廠商代為生產的合作方式。

Corporate Strategy (企業策略)
可以整合企業內所有事業群活動的整體策略計劃。

Cost Analysis (成本分析)
監督銷售人員績效和花費的銷售管理和評估系統，比較不同人員、地區、客戶和產品，可以發現不同區域、產品和客戶類型的獲利性。

Coupon (優惠券)
一種提供持有者在某一段時間內享有較低價格或擁有特殊價值的書證。

Customer Support or Service (客戶服務)
客戶購買產品之前、之中、之後，對客戶提供和產品有關的所有服務活動。

Customer Value (客戶價值)
客戶認為產品或服務的實質價值。

Customization (客製化)
針對客戶特殊需求所提供的產品或服務。

Data-Mining (資料探勘)
從大量客戶資料中找出客戶需求模式或購買行為的量化技術。

Decline Stage (衰退期)
新產品銷售量開始下滑，如果狀況持續以致營收不符成本時，產品就必須退出市場。

Delivery (交付)
客戶完成購買產品或服務的交易之後，賣方將產品或服務送至客戶，買方將金錢付給賣方的過程。

Demographic Descriptors (人口統計變數)
有關目標客戶的年齡、收入、教育程度等資料。

Determinant Attribute (決定性屬性)
客戶用來區分不同產品之間的差異，以決定對哪種產品或服務具有偏好的主要特徵。

Digital Signatures (電子簽章)
網路行銷中對產品或個人身份認證的電子證明。

Direct Selling (直接銷售)
利用銷售人員直接對客戶說明或展示產品的方式。

Distribution Coverage (配銷廣度)
銷售某個品牌產品的零售商或批發商的比例。

Distribution (配銷)
將產品銷售和交付給客戶的過程。

Distributor (經銷商)
批發商的另一個說法。

Diversification (多角化)
企業建立或擴展一個非目前營業項目的商業機會。

Durability (耐用度)
產品可以維持相同品質一段時間的能力。

Economies of Scale (經濟規模)
生產大量產品所帶來的成本節省。

Elasticity (彈性)
價格變動會影響產品銷售量的一種現象。

Electronic Media (電子媒體)
可以將產品廣告傳達給客戶的電子設備。

Endorsements (背書)
透過專家或知名人士來為產品宣傳的方式。

Event Sponsorship (活動贊助)
企業出錢贊助各種活動以宣傳產品或服務。

Experience Curve (經驗曲線)
企業累積經驗之後的製造或行銷成本降低現象。

Fad (一時的流行)
快速流行但是維持不久的產品或服務。

Feature (特徵)
產品或服務的有型或無型屬性。

First-Mover Advantage (領先者優勢)
第一個企業進入某個產品領域所取得的長期競爭優勢。

Franchise Systems (加盟系統)
由一個加盟主和許多加盟商所組成的產品配銷系統 。

Free Goods (免費商品)
客戶購買特定產品或特定數量以上產品時，所獲得的免費額外商品。

Frequency (頻率)
目標客戶曝露在某種媒體廣告的次數，或是某一段時間內，產品廣告出現
的次數。

Geographic Descriptors (地理變數)
客戶住在哪裡的資訊。

Good(s) (商品)
具有實體外形的產品。

Green Products (綠色產品)
設計和生產對環境負面衝擊極小化的產品。

Gross Domestic Product (GDP)(生產毛額)
一個國家在某一段時間內所生產的產品和服務的市場價值。

Growth Stage (成長階段)
新產品生命週期中，銷售量增加、利潤增加和競爭者進入，價格競爭開始
的階段。

Harvesting (收割)
在產品需求消失之前，極大化短期收益的策略，包括減少行銷、生產、營
運費用，並且制定稍高價格。

Hook-Pages (下錨網頁)
提呈現客戶所要搜尋的特定主題和訊息的網頁。

Idea Generation (構想產生)
產生新產品的構想。

Impulse Buying (衝動購買)
沒有經過事先規劃和思考的購買行為。

Industrial Goods and Services (工業產品和服務)
為企業營運而設計的產品和服務。

Inelastic (沒有彈性)
價格變動不會影響產品銷售量的一種現象。

Ingredients (成份)
組成產品的所有內容物。

Inside Salespeople (內勤銷售人員)
在企業內部利用電話或網路進行銷售活動的人員。

Intangibles (無形產品)
無法在購買之前事先感受，也無法在購買之後擁有所有權的產品，例如服務。

Key Accounts (關鍵帳戶)
由銷售經理或銷售團隊負責的大客戶。

Licensing (授權)
要求權利金以提供技術、專利、商標給其他公司的做法。

Lifetime Customer Value (客戶長期價值)
一個忠誠客戶在未來一段時間內可以貢獻的收益現值。

Line Extension (產品線延伸)
一個企業在市場已經有銷售產品的情況下推出類似的新產品。

Loyalty (忠誠度)
客戶對產品或服務的滿意度，主要表現在長期的持續購買。

Macroenvironment (巨觀環境)
企業面臨的不可控制的外力，例如社會、人口、政治、法令、經濟以及技術發展等。

Market (市場)
願意購買特定產品來滿足需求的個人或組織。

Market Potential (市場潛力)

在某一段期間內，一個商品或服務的最大可能銷售量，它是銷售預測的基礎。

Market Segmentation (市場區隔)

將一個市場劃分為幾個較小而需求類似的市場。

Market Test (市場測試)

在所挑選的有限市場裡，測試產品銷售狀況，以預測銷售量或利潤的做法。

Marketing Audits (行銷稽核)

一種持續評估和控制行銷績效的過程。

Marketing Channel (行銷通路)

將產品和服務由製造地點轉移到消費地點的所有管道。

Marketing Management (行銷管理)

分析、規劃、執行、協調、控制產品概念、開發、生產、定價、廣告、配銷的過程。

Marketing Mix (行銷組合)

執行行銷策略所需要用到的行銷元素組合，包括產品、價格、廣告和通路。

Marketing Plan (行銷計劃)

針對某個產品或服務，說明客戶、競爭者、環境現況、銷售目標、銷售行動和資源分配的書面文件。

Marketing Research (行銷研究)

為了找尋市場機會和問題所進行的市場訊息的設計、收集和分析。

Marketing Strategy (行銷策略)

說明產品或服務如何達成目標的描述。

Media (媒體)
客戶接受產品或服務訊息的管道，例如電視、雜誌、報紙及其他廣告方式。

Me-Too Products (模仿產品)
一組對客戶利益沒有差異的產品或服務。

Need (需求)
驅動客戶購買產品的力量。

New Product Development (新產品開發)
取得產品概念、進行產品開發和產品推出上市的過程。

New-To-The-World Products (舉世全新產品)
利用高科技所發展出來的唯一最新產品。

Niche-Market (利基市場)
一個相對較小而且有利可圖的市場區隔。

Order cycle time (採購週期)
企業從接到訂單、生產到交貨的時間總長。

Packaging (包裝)
用來識別、保護、廣告和運送的容器。

Penetration Pricing (滲透定價)
一種企圖以最快速度吸引更多客戶，以提高市場佔有率的低價策略。

Perceived Value (認知價值)
潛在客戶心中的產品價值，它是由產品價格和產品利益所決定。

Permission Marketing (許可行銷)
一種經過客戶同意的郵件廣告。

Personal Selling (個人推銷)
銷售人員面對客戶，解說產品或服務的銷售方式。

Positioning (定位)
相對於競爭者和客戶的需求，企業希望產品在客戶心中所留下的意像。

Positioning Statement (定位說明)
說明產品定位的文件，讓行銷策略制定和執行人員清楚了解產品的競爭企圖。

Price Leader (價格領導)
在同類產品之中，銷售價格最低者。

Primary Data (一手資料)
使用觀察、問卷、訪問所取得的資料。

Print Media (平面媒體)
報紙及雜誌等媒體，讀者可以一再閱讀。

Product (產品)
可以滿足客戶需求的產品或服務。

Product-Oriented (產品導向)
強調產品設計和技術，而不是客戶需求的經營理念。

Profitability Analysis (獲利性分析)
分析不同市場區隔、產品、客戶和通路的成本和獲利。

Promotion (廣告)
對目標市場宣傳產品或服務訊息，以吸引他們購買產品的所有銷售活動。

Promotion Mix (廣告組合)
包括宣傳、個人銷售、促銷和公共關係等的綜合運用。

Pull Strategy (拉策略)
以密集的宣傳來吸引客戶購買產品，包括商業展覽、通路、網路、媒體等

Push Strategy(推策略)
以打折方式，透過所有可能的管道，將產品賣到客戶手中。

Qualitative Research (質化研究)
小樣本的非量化研究，可以對消費者行為有更深入的了解，但是樣本小可能不能代表所有的群體。

Quantitative Research (量化研究)
大樣本的量化研究，利用統計分析對母體進行某種信賴度的推論。

Recognition Tests (識別測試)
一種對平面媒體廣告效果的測試，讀者被要求回答是否有注意到或看到某個平面廣告。

Relative Market Share (相對市場佔有率)
企業市場銷售金額除以同產業的領先者銷售金額。

Reliability (可靠度)
產品長時間維持在相同性能的程度。

Retailers (零售商)
直接將產品或服務賣給終端客戶的商店。

Sales Analysis (銷售分析)
收集、分類、比較和分析企業銷售資料的過程。

Services (服務)
非實體產品，例如貸款：或是伴隨實體產品的服務，例如運送、組裝、訓練等等。

Skimming Price Policy (吸脂價格策略)
一種產品高價的策略，目的在快速回收研發成本或提高獲利。

Slogan (標語)
將廣告內容濃縮成比較短、好記憶的口語或文字。

Supply Chain (供應鏈)
和產品配送過程有關的所有參與的組織網絡。

Supply Chain Management (供應鏈管理)
利用各種技術管理整個供應鏈的訊息收集、溝通、物品處理，以提高服務品質並降低成本的過程。

Tangibles (有形產品)
購買前可以體驗甚至測試的物品。

Target Market (目標市場)
從整體市場中所挑選出來要去行銷產品的部份市場。

Time to Market (上市週期)
從產品概念到產品上市的時間。

Trademark (商標)
用來和其他企業的產品做區別的名稱、符號和圖形等。

Trial (試用品)
客戶購買之前給他們試用的產品。

Unique Selling Proposition (獨特銷售訴求)
希望和競爭產品做區隔甚至超越，以取得競爭優勢的產品特質。

Viral Marketing (病毒行銷)
利用網路把客戶口碑宣傳出去的行銷方式。

Warranty (保固)
對產品性能的保證，承諾如果沒有達成性能，就會做何種方式的彌補，以降低客戶購買該產品的風險。

美國專案管理學會
AMERICAN PROJECT MANAGEMENT ASSOCIATION

APMA (美國專案管理學會) 提供六種領域的專案經理證照：(1) 一般專案經理證照、(2) 研發專案經理證照、(3) 行銷專案經理證照、(4) 營建專案經理證照、(5) 經營專案經理證照、(6) 活動專案經理證照。APMA 是全球唯一提供這些證照的學會，而且一旦您通過認證，您的證照將終生有效，不需要再定期重新認證。證照認證方式為筆試，各領域的試題皆為 160 題單選題，時間為 3 小時。

哪一種證照適合您？

您可以選擇和您背景、經驗及生涯規劃最接近的證照，請參考以下的説明，選出最適合您的領域進行認證。沒有哪一個證照必須先行通過，才能申請其他證照的認證，不過先取得一般專案經理證照，有助於其他證照的認證。

❶ 一般專案經理 (Certified General Project Manager, GPM) 適合管理或希望管理一般專案以達成組織目標，或希望以專案管理為專業生涯發展的人。

❷ 研發專案經理 (Certified R&D Project Manager, RDPM) 適合管理或希望管理各種產品和服務的開發以達成組織目標的人。

❸ 行銷專案經理 (Certified Marketing Project Manager (MPM)) 適合管理或希望管理產品和服務的行銷以達成組織目標的人。

❹ 營建專案經理 (Certified Construction Project Manager (CPM)) 適合管理或希望管理營建工程專案以達成組織目標的人。

❺ 經營專案經理 (Certified Corporate Administration Project Manager (CAPM)) 適合經營或希望經營企業或事業單位以達成集團策略目標的人。

❻ 活動專案經理 (Certified Event Project Manager (EPM)) 適合管理或希望管理各種活動以達成組織目標的人。

美國專案管理學會詳細資訊，請參考 http://www.a-pma.org/

五南圖解財經商管系列

※ 最有系統的圖解財經工具書。
※ 一單元一概念，精簡扼要傳授財經必備知識。
※ 超越傳統書籍，結合實務精華理論，提升就業競爭力，與時俱進。
※ 內容完整，架構清晰，圖文並茂·容易理解·快速吸收。

圖解財務報表分析
／馬嘉應

圖解會計學
／趙敏希、
馬嘉應教授審定

圖解經濟學
／伍忠賢

圖解財務管理
／戴國良

圖解行銷學
／戴國良

圖解管理學
／戴國良

圖解企業管理(MBA學)
／戴國良

圖解領導學
／戴國良

圖解品牌行銷與管理
／朱延智

圖解國貿實務
／李淑茹

圖解人力資源管理
／戴國良

圖解物流管理
／張福榮

圖解策略管理
／戴國良

圖解網路行銷
／榮泰生

圖解企劃案撰寫
／戴國良

圖解顧客滿意經營學
／戴國良

圖解企業危機管理
／朱延智

圖解作業研究
／趙元和、趙英宏、
趙敏希

國家圖書館出版品預行編目資料

行銷專案管理知識體系／魏秋建著. －－初
版.－－臺北市：五南, 2014.01
　面；　公分
ISBN 978-957-11-7464-8（平裝）
1.行銷管理　2.專案管理
496　　　　　　　　　　102025588

1FT7

行銷專案管理知識體系

作　　　者 — 魏秋建

發 行 人 — 楊榮川

總 經 理 — 楊士清

主　　　編 — 侯家嵐

責任編輯 — 侯家嵐

文字校對 — 陳欣欣

封面設計 — 盧盈良

內文排版 — 張淑貞

出 版 者 — 五南圖書出版股份有限公司

地　　　址：106台北市大安區和平東路二段339號4樓

電　　　話：(02)2705-5066　　傳　　真：(02)2706-6100

網　　　址：http://www.wunan.com.tw

電子郵件：wunan@wunan.com.tw

劃撥帳號：01068953

戶　　　名：五南圖書出版股份有限公司

法律顧問　林勝安律師事務所　林勝安律師

出版日期　2014年1月初版一刷
　　　　　2019年2月初版二刷

定　　　價　新臺幣200元